杨官荣◎著

G·R
白酒品鉴

旅游教育出版社
·北京·

杨官荣简介

著名白酒品酒人，高级酿酒师，中国权威性的白酒科研机构之一——四川省酿酒研究所副所长，技术总工程师，青年白酒专家，连续三届国家白酒评委，中国酒业协会国家级评酒委员会专家委员，资深白酒品评、勾调专家，著名白酒培训导师，曾任《中国白酒品鉴大师》《原酒之家》等杂志主编，出版《中国名优白酒鉴赏》一书，在业内享有较高的声誉。

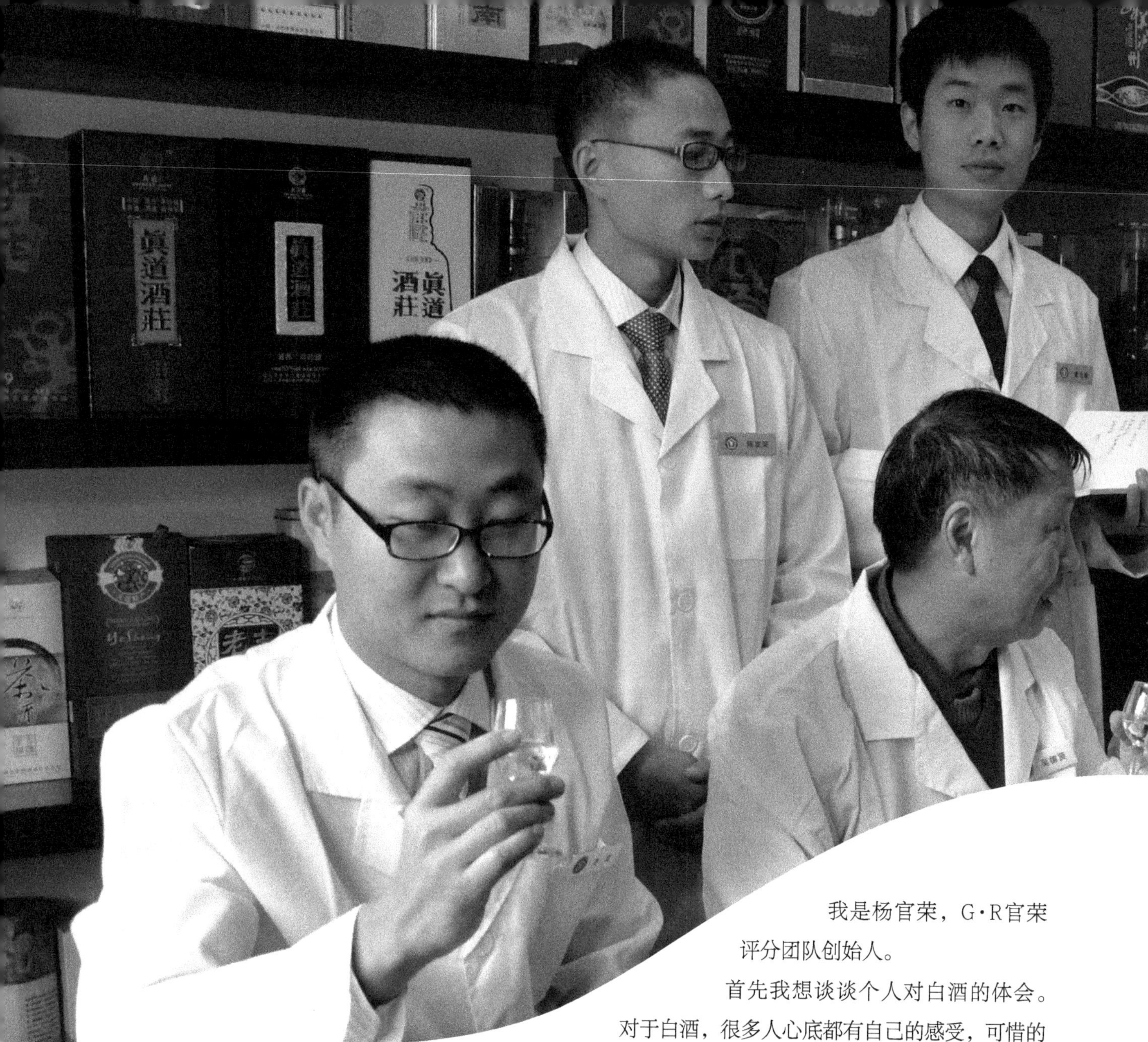

品饮白酒需用心

我是杨官荣，G·R官荣评分团队创始人。

首先我想谈谈个人对白酒的体会。对于白酒，很多人心底都有自己的感受，可惜的是，大部分人都不愿意把自己的感受表达出来，可能是语言匮乏，又或许是好面子，怕贻笑大方，再或许是中国人传统式的“低调”。不论怎么样，大多数人在饮酒时都不是品酒而是简单地喝酒！容易被周围其他人影响，当白酒专家们说出滔滔不绝的形容词时，你们是否有闻所未闻的感觉？

人人都会谈论品酒，如何看？如何闻？如何尝？诚然，品酒需要我们用眼睛、鼻子、嘴，去看、去闻、去品尝，而且要用心去感受。白酒是有生命的液体，大自然赋予了白酒生命，在生产过程中又融入了生产者的感情，未被欣赏的酒，如同其包装上的成分表，就算将酒精度、总酸、总酯等含量列出来，也只是抽象的

G·R官荣评分团队

数字而已。谁能知道它口感、香气、风格是什么样呢？只有进到嘴里，用心体会，才会变成“窖香浓郁”“醇厚绵甜”“优雅细腻”“余味净爽”……

经过这些年沉淀，我逐步意识到，在这种浮躁的社会氛围中，面对消费者，我作为一名白酒专业从业者，一定要做点什么：还原中国白酒！传承真正的中国白酒文化！所以我和我的团队倡导：健康饮酒、饮健康酒！

作为G·R官荣评分团队掌门人，我一直在思考用什么样的方式去普及我们的传统文化，因此我将我们倡导的理念转化为书籍，尽力普及给每一位白酒爱好者和消费者。

对于中国白酒本身，我一直怀有敬畏之心，并深深地喜爱着中国白酒。在以中国评委代表的身份参加了2015（贵阳）比利时布鲁塞尔国际烈性酒大奖赛，并品尝了很多国外名优白酒后，我更加坚定了我的想法。我认为：中国白酒，应该是世界烈性酒的带头大哥。“香浓、细腻、持久”，“味醇厚、持久、细腻”，“风格典型”，这是大赛品评表全部内容，我认为只有优质的中国白酒可以符合。对于世界其他优秀的酒文化，我们要学习，更要对中国白酒充满自信，努力做好我们自己的传统白酒：“纯粮的，复杂的，世界的。”

在这本书中，我会把多年从业以来对白酒的亲身体会及所学、所闻，通过自己的绵薄之力传承下去，传递给更多的人，我希望白酒作为中国最纯粹的非物质文化，有继承者。G·R团队每年会出一本集白酒知识普及及品评技巧的书——《中国白酒G·R官荣评分》，希望大家在购买白酒产品时，理性消费，健康消费！同时对白酒从业者有一定的警醒和参考，以促进白酒产业的健康良性发展。

希望中国白酒能越走越远，香飘世界！谨以此书献给那些热爱白酒的人，同时感谢我的团队一直默默地支持与付出！

前言

中国白酒是世界上独具风格的一种蒸馏白酒，已有几千年的悠久历史，传统技艺精湛，产品质量优良，风味独特，是中国酿酒工艺及独特高超蒸馏技术的体现。中国白酒生产工艺的特点是：双蒸合一，配醅入窖，固态发酵，甑桶蒸馏。独特的工艺中，蕴含着极深的科学性和艺术性。中国白酒生产技术是我国劳动人民和科学工作者对世界酿酒工业的特殊贡献。其独特的多种微生物固态发酵酿酒、甑桶蒸馏及其生产工艺形成了中国白酒的各种风格。

我国对蒸馏白酒独特风格和品质优劣的鉴定，和国际上对食品的检测一样，通常是通过感官检验和理化分析的方法来实现的。食品是供人食用的东西，既要有营养，又要有色、香、味、格四项食品基本属性。各种食品都应有它本身的典型风格。目前，虽然各种先进的检测仪器层出不穷，发展迅速，并向世人揭开了许多谜题，但仍然不能为白酒产品的生产和质量管理提供全部可靠的质量数据。对于白酒来说，目前尚无能够完全精准检测其中微量成分的仪器。因为酒体中微量香味成分的复杂繁多，以及各种香味物质放香阈值的影响，造成白酒无法使用仪器来精准量化这一奇特的现象，这也是中国白酒的神奇之处。所以白酒的感官鉴定——品评就显得十分重要。

感官尝评检验也就是人们常说的品评、尝评和鉴评等，它是利用人的感觉器官——眼、鼻、口、舌来判断酒的色、香、味、格的方法。其一就是用眼观察白酒的外观，其色泽是否清澈透明，有无悬浮、沉淀物等，简称视觉检测。其二是用人的鼻嗅出白酒的香气，检验其是否具有该香型独特的香气，有无其他的异杂气味等，简称为嗅觉检验。其三是把酒含在人的口中，使舌头的味蕾充分发挥作用，检验其味道是否绵甜浓郁，酒体是否丰满醇厚，回味是否悠长等，简称为味觉检验。其四是综合上述感官印象，确定其风味，简称为风格检验。按其感觉印象的综合评价统称为酒的感官品评。所谓理化卫生分析检测，就是使用检测仪器，对组成白酒的主要物理化学成分，如乙醇、总酸、总酯、总醛、高级醇、甲醇、重金属、氯化物和多种微量香味成分进行科学的测定，通称理化卫生指标的测定。

中国白酒的微量成分非常复杂，它的色、香、味、格的形成不仅取决于各种理化成分的数量，而且取决于各种成分之间的协调平衡及相互之间的衬托等关系，而人们对白酒的感官评定，正是对中国蒸馏白酒的色、香、味、格的综合性反映。这种反映是很复杂的，单靠对理化成分的分析根本不可能全面地、准确地反映白酒的独特性，难以有综合定性的判断标准。用气、液相色谱仪测量白酒类的微量香味成分，含量在十万分之一以上才能够定量，低于这个极限则无法检测。相反人的感官对百万分之一的含量物质却能感觉出来，尤其是有的感官指标不可能用理化数据表示。所以目前的分析检测设备还不能完全代替人的感官指标的评定，只能作为辅助手段。经过训练的专职评酒人员不仅灵敏度高、快速，而且比较准确，因此感官鉴定仍然是目前国际通用的一种鉴定酒质优劣（食品）的重要方法和手段。

对于白酒技术人员来讲，他们必须具备通过“品尝”这一程序来了解产品的现状、可能的发展变化、工艺缺陷以及需要采取的工艺措施等能力。因此，对于一名合格的品酒师来说，必须具有高超的品尝能力及分析判断能力，其作用不亚于画家的眼睛和音乐家的耳朵。

对于消费者而言，虽然饮酒的目的是为了获取快乐和享受，但是如果能正确认识白酒的质量，就能获得更大的满足和享受。这就需要他们也具有一定的品尝技能。因此，我们需要一种简单易懂的品酒方法来提高消费者的品尝水平，并将之作为监督白酒质量的有效方式。

总之，品评是我们更好地酿造、储藏、检验和最后鉴赏白酒的最佳手段。

作为一名白酒技术工作者，我一直致力于研究白酒品评的技术和方法，并以自己的方式为行业培养了大量的品酒人才。随着科学技术的突飞猛进，白酒的品评也发生了很大的变化，取得了长足的进步和发展。我和我的团队在总结多年来的实践经验、研究成果以及近年来白酒品评领域的相关专业研究的基础上，开创了“G·R官荣评分”体系，致力于将白酒感官尝评的有关概念、原理、品评方法、研究范围以及尝评训练、技术等科学、系统、全面地介绍给广大消费者，为中国白酒的健康、可持续发展尽绵薄之力。

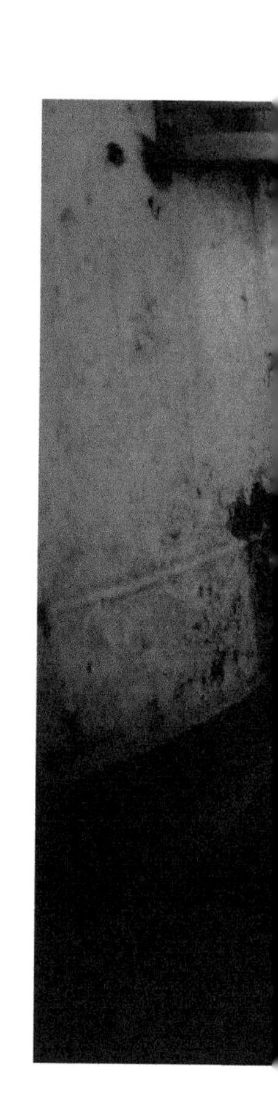

本书是四川省酿酒研究所技术中心全体人员智慧的结晶。本书的出版得到了出版社的大力支持，在此一并致谢！

杨官荣

传统白酒酿造

资深品酒师

目录

第一章

了解世界顶级白酒的共性

认识白酒

白酒特指中国白酒，是世界六大蒸馏酒之一，具有独具一格的风格与品味。

白酒是高粱、大米等淀粉质原料或糖质原料，加入糖化发酵剂（俗称曲药，糖质原料无须糖化剂），经固态、半固态或液态发酵、蒸馏、贮存、组合而制成的蒸馏酒，是一种含酒精的饮料，因其酒液无色透明，故称之为白酒。

根据糖化剂、发酵剂和酿造工艺不同，白酒可分为大曲酒、小曲酒、麸曲酒三大类。白酒的主要成分是乙醇和水，其余为各种微量有机物质。其中，乙醇占总量的98%左右，余下2%由各种微量有机物质构成。白酒是一种高浓度的酒精饮料，酒精含量较高，一般为35~70度。另外还含有酸、酯、醇、醛等众多微量有机物质，它们是白酒呈香、呈味的主要物质，决定了白酒的风格以及质量体系。

世界上有六大蒸馏酒，除白酒外，还有白兰地、威士忌、朗姆酒、伏特加和金酒。相比之下，无论从原料、生产工艺，还是风格特征上，中国白酒（中国白酒，以下简称白酒）都具有自己鲜明的特点。

首先在工艺上，白酒比其他蒸馏酒复杂得多，其原料品种繁多且各具风格。其次，从观感上讲，白酒酒色洁白晶莹，无色透明；各种香型的酒又各具特色，香气馥郁、纯净、余香幽远；其口味绵甜醇厚，干爽清洌，酒体协调，回味悠久，给人极佳的口感。此外，白酒的酒精度高，原度酒可达62~75度，这在蒸馏酒当中也是相当罕见的。

世界六大蒸馏酒的酿造特点

品名	中国白酒	威士忌	伏特加	金酒	白兰地	朗姆酒
糖化发酵剂	大曲 小曲	大麦芽 酵母	大麦芽 酵母	麦芽 酵母	酵母	酿酒酵母 生香酵母
原料	高粱、大米、玉米、小麦等	大麦 玉米	黑麦 大麦	杜松子 麦芽 玉米	葡萄糖或水果	甘蔗汁或糖蜜
原料处理	整粒或破碎	粉碎	粉碎	粉碎	破碎、渣汁分离或不分离	灭菌
发酵容器	泥窖、石窖或陶缸	木桶	大罐	大罐	大罐	大罐
发酵方式	固态或半固态	液态	液态	液态	液态	液态
酿造工艺	清蒸清烧或混蒸混烧，续糟发酵等	先制成糖化液再加酵母发酵	制成食用酒精，桦木炭处理，降度	食用酒精稀释后再用杜松子浸泡，再蒸馏，稀释	皮渣分开，发酵，汁中不加 SO_2，低温发酵	调整糖度，液态发酵
蒸馏设备	甑桶或釜式	壶式蒸馏锅	蒸馏塔	蒸馏塔	壶式蒸馏锅	壶式蒸锅，回锅，不回锅或连续蒸馏
贮存容器	陶坛或酒海等	橡木桶	—	—	橡木桶	橡木桶
勾兑方式	组合、降度、调味	调度、调香	调度	调度、调香、调色	按酒度、橡桶材质、酒龄组合，调色	调度、调色、调香

顶级白酒的感官特性

“它让我心情愉悦，是一种精神上的满足感。”这类人群除了喝酒以外，一般会在家里囤上一定数量的白酒，最多的是泡酒——将各种中药材与基酒泡在一起，然后每天独自小酌一番，或是约上三朋四友，把酒言欢，怡然自得。而存在不同观点的人也不在少数，他们并不喜欢喝白酒，认为白酒会损害身体健康，但是为了社交上的礼仪，或是工作的需要，又不得不喝白酒，这种形式下就不能称喝酒为享受了，而是变成了一种负担，喝酒的过程成了一种煎熬。由于白酒中的酒精含量较高，很多不喜欢喝白酒的人就会认为其辛辣、刺激、让人难受；喜爱的人对它爱不释手，他们会说“我就喜欢这种感觉”。而随着社会的发展和科学的进步，适量饮用白酒逐渐变成了一种健康的生活习惯。

作为一名白酒的工作者和爱喝酒的人，我觉得无论是生产、勾调还是饮用白酒都是一种非凡的体验，特别是遇到自己喜欢的酒能够在家存上十斤、二十斤，那种感觉比发现宝藏还让人欣喜；放上个五年、十年，就像自己的孩子一样，等到它长大、成熟的那一天，再举行一个小的开坛仪式，别有一番情趣。当然，酒喝到位是一种非常奇妙的享受，但实际的酿酒过程是相当复杂的，当中融汇了酿酒师和品酒师们的辛苦劳作。

白酒中到底有什么

白酒是一种特殊的快速消费品，它能带给饮者愉悦和享受之感。为什么说白酒特殊，因为它还兼具了物质与精神双重属性，映射出了中华民族独具特色的人文个性与时代诉求。中国白酒的品质价值多体现在：它能发挥自身物质化功能（闻香的优雅度，入口的绵甜度，落口的净爽度，后口的醇和度以及饮后的低醉酒度），引发消费者产生清心舒畅、心旷神怡、唯美隽永的独特感受，最终深入饮用者的精神世界，激发出饮者深层次的心理共鸣。我们先来总结一下世界顶级美酒都具备哪些特点。

1. 既能撩动味蕾，又能愉悦心智

顶级的美酒既能够满足味觉的需求，又能挑战人的思维力和领悟力。世界上有很多酒只是单纯的好喝，有一点娱乐的价值，但是却不够“复杂”。酒是否能够愉悦心智，是一个更为主观的问题。专家们称为“复杂”的酒，不仅能保证原产地酿造、品质优良，更拥有多维的、饱满的、极具层次感的芳香和滋味。这里讲的“复杂”即是指酒中微量香味成分的种类和绝对含量。

2. 能让品尝者保持兴趣

“我已经说过，我曾品尝过的顶级美酒，单从其扑鼻的芳香就很容易辨识。绝对不会有人说它们简单、单调。美酒能让品尝者们意犹未尽，不只是因为能在第一时间撩动他们的味蕾，更因为其浓郁饱满的芳香和多层次的味道。”

——罗伯特·帕克（Robert M. Parker, Jr）《世界顶级葡萄酒及酒庄全书》

这里的“浓郁”是指酒中呈香物质含量种类多且绝对含量高；“多层次”是指酒中的呈味物质含量种类丰富。

3. 能保持芳香和味道适中

“这里，可以用在高级餐厅用餐来作比喻。高级料理通常是集纯正、浓烈、平衡、质感、芳香和味道于一身。将顶级料理与好料理区别开来，或者将顶级美酒与美酒区别开来的，就是其能否在保持味道浓郁的同时，又不会过度。”

——罗伯特·帕克

我所接触的很多酿造商所生产的白酒，窖泥香气过于突出，但他们却认为那是窖香浓郁；还有些酿造商所生产的酒，香气小、味道浓，或者香气浓，味道短，这些都是香气和味道不适中、不协调的表现。而像“五粮液”这类的名酒企业，经历几个世纪的风雨，积累了丰富的经验，已经掌握了使酒体既美味香醇又不会过度的技巧。

4. 越陈越香

这是美酒不容置疑的品质。白酒品酒师都知道用液态法生产的白酒，既无粮香，也无任何其他特色，存放越久酒越糟糕，存放一万年它还是酒精，因为酒精里面没有“复杂”成分。新酿制的顶级美酒（例如茅台、五粮液、泸州老窖等）通常还未完全成熟，需要在酒窖储存3~5年以上的时间，但是这些酒始终能够保持很好的口感，这样即便是缺乏经验的品尝者，初闻浅尝也能感受其酒香了。如果酒在刚酿制好时，不能显示香味复杂、醇厚丰满、特色鲜明，那么不管储存多久，也不会有太大的改善。毋庸置疑，顶级美酒一定越陈越香。我所说的“越陈越香”，是指酒储存的时间越长，其味道就会越香醇。

5. 特色鲜明

顶级美酒特色鲜明，这就是它们与普通酒的区别。就像葡萄酒一样，“经典的年份”总是被人们拿来表示葡萄园在某一特定年份酿制的葡萄酒。经典年份里的顶级美酒绝对不同寻常，它们特色鲜明，并且很容易辨识——芳香的味道和质感。波尔多红葡萄酒1982和1990味道香醇，口感绵密；波尔多红葡萄酒1986单宁味道强烈，存放潜力巨大；纳帕和索诺玛赤霞珠1994味道饱满，口感扎实；而巴罗洛1990口感浓烈又散发出水果的清香，这些美酒都是各自年份的代表。而对于白酒而言，要具备特色鲜明除了要具备特制的酿造工艺以及原产地特征外，还需要具有不同于其他酒种的特色微量香味成分。

6. 能反映自己的原产地

谈到众人皆知的法国园地概念，有一句话似乎非常适用——“一知半解可能编出好故事，但只有融会贯通才能产生大智慧”。这个模糊又很吸引人的园地概念认为，就是那一小块园地决定了酒的特质。纵观全世界，法国人最关心园地问题。那么为什么不呢？法国人根据园地的土壤和产出，精心编制了一份园地等级表，许多著名的葡萄园都位列其中。法国人相信，世界上没有任何其他葡萄能与他们的黑比诺、霞多丽、赤霞珠、西拉等相提并论，因为他们的园地都是世上绝无仅有的。法国最著名的产酒区——勃艮第，经常被人们赞颂为园地最好的地区。支持园地说的人认为，同一品种产自不同的土壤，就会有不同的特色。他们最引以为傲的就是勃艮第葡萄园被划分为不同的等级：特级葡萄园、高级葡萄园、乡村葡萄园和一般葡萄园。当然，他们声称自己不看标签就能尝出一瓶酒产自哪里。

我国素有“川酒云烟”“川酒甲天下”的说法。四川自古就是美酒的产地，这不仅得益于四川独有的盆地气候、微量元素丰富的紫色土地、矿物质元素富饶的水源，也离不开蜀地酿酒人辛勤的劳作和独特的智慧，这是任何地区、任何企业、任何人都无法复制的。

通过以上我们不难总结出，要成为美酒，前提是各种酒中要具备类型多样且绝对含量高的香味成分；要具备世界顶级美酒，更要具备不同于其他酒种的特殊的微量香味成分，而各种香味成分之间的谐调共存则是成为顶级美酒的保证。这是全世界酿造大师和品酒大师共同的认知。

相比白酒而言，葡萄酒对于酒体品质以及文化内涵的挖掘，更加成熟，有许多白酒行业发展可借鉴之处，比如“罗伯特·帕克评分”“法国波尔多”等我们耳熟能详的名词，这不得不说明其深厚的文化积淀，它成熟的质量体系起到了非常重要的作用，值得中国白酒学习。

白酒的微量香味成分

提到中国白酒，就不得不说说它当中的微量香味物质，这也是中国白酒与国外蒸馏酒最本质的区别。白酒中的微量香味成分含量异常丰富，而且在储存（特别是陶坛）过程中呈现动态变化，它们之间的数量和协调性共同构成了中国白酒独有的风格特征，决定了白酒的质量和风格。

第二章

中国白酒发展简史

"烧酒非古法也。自元时创其法，用浓酒和糟入甑，蒸令气上，用器承取滴露，凡酸坏之酒，皆可蒸烧。近时惟以糯米或粳米或黍或秫或大麦蒸熟，和曲蒸取。其清如水，味极浓烈，盖酒露也。"

——李时珍《本草纲目》

白酒的起源

中国白酒的发展历史，已有几千年了，其中的故事几天几夜也讲不完。而在古代，白酒与我们现在所饮用的蒸馏酒还有所不同，古代所饮的“白酒”都是低度的米酒，现在我们称之为发酵酒。由于酒度较低，当时的人们可以喝很多，比较著名的就是《水浒传》中武松打虎之前喝了八大碗酒，这在现在是几乎不可能的。中国白酒有很多特有的称谓，如“高粱酒、烧酒、烧二锅、土烧酒、小酒等”。这些称呼极具地方特色，也是中国璀璨酒文化的一个符号。白酒真正的发展时期应该是在中华人民共和国成立之后，国家为了让这种传统产业实现工业化、规模化的发展，将这种原料和类似的蒸馏酒称之为白酒，并将其定义为以粮谷为主要原料，以大曲、小曲或麸曲及酒母为糖化发酵剂，经蒸煮、糖化、蒸馏、存储和勾调而成的配制酒体，称之为白酒。

关于白酒的起源，学术界至今争论不休，还没有明确的说法。据著名考古学家马承源先生在《汉代青铜蒸馏器的考察和实验》一文的论述，青铜蒸馏器可能就是现代白酒蒸馏设备的始祖。上海市博物馆收藏着一件青铜蒸馏器。

该蒸馏器由甑和釜两部分组成，通高53.9厘米。凝露室容积7500毫升，贮料室容积1900毫升，釜体下部可容水10500毫升。在甑内壁的下部有一圈穹形的斜隔层，可积累蒸馏液，而且有可使蒸馏液流到蒸馏器外的导流管。马先生还做了多次蒸馏实验，所得酒度平均20%vol左右。经鉴定，这件青铜器为东汉初至中期之器物。在四川彭州、新都先后两次出土了东汉的“酿酒”画像砖，其图形为生产蒸馏酒作坊的画像，与四川传统蒸馏酒设备中的“天锅小甑”极为相似。但是，该器物是否用于酿酒，并没有相关文献进行佐证，倒是有提炼丹药和花露水的记载。因而很难断定其是否就是中国古代蒸馏酒的器物。

历代关于蒸馏酒起源的观点，不尽相同，有多种说法，现将主要的观点归纳如下：

蒸馏酒始创于元代

最早提出此观点的是明代医学家李时珍。他在《本草纲目》中写道：“烧酒非古法也。自元时始创其法，用浓酒和糟入甑，蒸令汽上，用器承取滴露，凡酸坏之酒，皆可蒸烧。”

元代文献中已有蒸馏酒及蒸馏器的记载。如《饮膳正要》，作于1331年，故14世纪初，我国已有蒸馏酒。但是否自创于元代，史料中都没有明确说明。

蒸馏酒元代时自外国传入

清代檀萃的《滇海虞衡志》中说：“盖烧酒名酒露，元初传入中国，中国人无处不饮乎烧酒。”章穆的《饮食辨》中说：“烧酒又名火酒，《饮膳正要》曰‘阿剌吉’。番语也（外来语——著者注），盖此酒本非古法，元末暹罗及荷兰等处人始传其法于中土。”

宋代中国已有蒸馏酒

（1）宋代史籍中已有蒸馏器的记载

宋代已有蒸馏器是支持这一观点的最重要的依据之一。南宋张世南在《游宦纪闻》卷五中记载了一例蒸馏器，用于蒸馏花露。宋代的《丹房须知》一书中还画有当时蒸馏器的图形。

（2）考古发现了金代的蒸馏器

20世纪70年代，考古工作者在河北青龙县发现了被认为是金世宗时期的铜制蒸馏烧锅（《文物》，1976年第9期），也很难肯定是金代制品。

（3）宋代文献中关于“烧酒”的记载更符合蒸馏酒的特征

宋代的文献记载中，“烧酒”一词出现得更为频繁，而且据推测所说的烧酒是蒸馏烧酒。如宋代宋慈在《洗冤录》卷四记载：“虺蝮伤人……令人口含米醋或烧酒，吮伤以吸拔其毒。”这里所指的烧酒，有人认为应是蒸馏烧酒。“蒸酒”一词，也有人认为是指酒的蒸馏过程。如宋代洪迈的《夷坚丁志》卷四的《镇江酒库》记有“一酒匠因蒸酒堕入火中”。这里的蒸酒并未注明是蒸煮米饭还是酒的蒸馏。但“蒸酒”一词清代却是表示蒸馏酒的。《宋史食货志》中关于“蒸酒”的记载较多。采用“蒸酒”操作而得到的一种“大酒”，也有人认为是烧酒。但宋代几部重要的酿酒专著（朱肱的《北山酒经》，或苏轼的《酒经》等）及酒类百科全书《酒谱》中，均未提到蒸馏的烧酒。

唐代初创蒸馏酒

唐代是否有蒸馏烧酒，一直是人们所关注的焦点。“烧酒”一词首次出现于唐代文献中。如白居易的“荔枝新熟鸡冠色，烧酒初开琥珀光”。陶雍（唐大和至大中年间人）的诗句“自到成都烧酒熟，不思身更入长安”。李肇在唐《国史补》中罗列的一些名酒中有“剑南之烧春”。因此，现代一些人认为所提到的烧酒即是蒸馏的烧酒。

蒸馏酒起源于东汉

上海博物馆收藏着一件东汉时期的青铜蒸馏器。该蒸馏器的年代，青铜专家鉴定是东汉早期或中期的制品。用此蒸馏器作蒸馏实验，蒸出了酒度为 26.6~20.4 度的蒸馏酒。在安徽滁州黄泥乡也出土了一件似乎一模一样的青铜蒸馏器。该蒸馏器分甑体和釜体两部分。通高 53.9 厘米。甑体内有储存料液或固体酒醅的部分，并有凝露室。凝露室有管子接口，可使冷凝液流出蒸馏器外。在釜体上部有一入口，大约是随时加料用的。

蒸馏酒起源于东汉的观点，目前没有被广泛接受。因为仅靠用途不明的蒸馏器很难说明问题。另外，东汉以后的众多酿酒史料中都未找到任何蒸馏酒的踪影，缺乏文字资料的佐证。所以关于中国白酒的起源至今仍是一个不解之谜。

酒的历史功用

大家都知道，中国有几千年的酒文化，积淀了深厚的文化内涵。中国作为世界上酿酒最早的国家之一，酒在人们心目中已经根深蒂固了。酒是一种文化的载体，中国酒文化历史悠久，内涵丰富，博大精深。中国是一个历史悠久的文明古国，中国酒文化是中华文明的有机组成部分。

酒是美好物品的象征，是表达心意、寄托情感的媒介。酒为粮食酿造之精华，美味甘甜，补益身体。但在人类社会早期，劳动生产率非常低下，物质财富极度贫乏，不可常得。故作为“天之美禄”（《汉书·食货志》）的酒，只有在祭祀和节庆时才能享用。物质产品丰富后，亲朋好友来了，要用美酒招待，以尽地主之谊。

酒是一种饮料，但它是一种特殊的饮料。酒融于人们的精神文化生活之中。酒不是生活必需品，但它却具有一些特殊的功能。在中国几千年的文明史中，酒几乎渗透到政治、经济、文化教育、社会生活和文学艺术等各个领域。

《左传》有言：“国之大事，在祀与戎。”敬神祭祖，历来就是中华民族普遍遵行的礼法习俗。在一些重要的节日，都要祭祀祖先，以表达对死者的思念和敬仰。酒是祭祀时的必备用品之一，祭祀活动中，酒作为美好的东西，首先要奉献给神灵和祖先享用。

《周礼》中对祭祀用酒有明确的规定。战争决定一个部落或国家的生死存亡，勇士出征，要用酒来激励斗志；战士凯旋，要用酒来洗尘庆功。酒与国家大事的关系由此可见一斑。

由于酒特有的诱惑力，饮多致醉，时间长了就容易上瘾，不能自制，惹是生非，伤身败体，被认为是引起祸乱的根源。所以，饮酒不仅仅是饮酒者个人的事情，而且是一种社会行为。特别是贵族阶层耽湎于酒，成为严重的社会问题，历史上还有不少国君因耽湎于酒，引来亡国之祸。最高统治者从维护自身利益出发，不得不对酒的生产和消费制定了严格的管理制度，直至禁酒。

《战国策》记载：“昔者，帝女令仪狄作酒而美，进之禹，禹饮而甘之，曰，后世必有饮酒亡其国者。”实践证明夏禹的预言是正确的。夏商两代的末君都是因为耽湎于酒而引来杀身之祸并导致亡国的。西周统治者在取得天下之后，周公

水井坊

总结借鉴夏商两代亡国的历史教训，制定和发布了中国最早的禁酒令《酒诰》。《酒诰》认为酒是丧德亡国的根源，这构成了中国历史上某些时代禁酒的主导思想之一，成为后世人们引经据典的范例。

中国酒文化的核心要素是“礼”和“德”。

酒礼突出体现在古代酒宴上，其中一些礼仪、礼节延续至今。如中国大部分地区还保留“三巡”的习惯，无论待客还是朋友相聚，首先要通喝三杯；酒宴上晚辈或下级要主动敬长辈或上级酒，敬酒时，晚辈或下级在碰杯的时候，酒杯要低于对方，以示尊敬；又如酒桌新上的每一道菜都要首先转到主位等。这些其实都体现了中国酒文化的礼仪要素，这是一种不成文但力量强大的礼仪。这些礼仪要素的重复、强化最终会对人在生活中的思维和行为产生影响，发挥潜移默化的教化作用。酒桌上的长幼有序、尊老爱幼、以敬为礼、谦和礼让既是中国文化的体现，反过来也是对中国文化的强化。

中国是一个礼仪之邦，礼在中国社会生活中占有相当重要的地位。它不但是等级秩序的标志，为人处世、人际交往的行为规范，中国的礼其实已经成为一种不成文的道德规范，是一个具有国家管理功能的体系，并表现在社会的各个方面。酒文化折射、演绎和传播着现实社会的道德风尚和文化规则。酒文化所传播的不是单纯的礼，而是通过礼来传播“德”——这是中国酒文化核心中的核心。中国酒文化既是“德”的完整体现，又起到对“德”的强大传播作用。从某种意义上讲，中国酒其实已经成为中国人道德、思想、文化的综合载体。“德”和“礼”是儒家哲学的核心要素。自然万物的运行规则为“道”，人类社会的运行规则为“德”，而孔子把“德”的推行又具体化为“礼”，这是一脉相承的儒家哲学，也是中国酒文化的“基因”。

随着社会的发展和酿酒业的普遍兴起，酒逐渐深入人们日常活动的各个领域，酒事活动也随之广泛，并逐渐程式化，形成较为系统的酒风俗习惯。在中国各族人民的日常生产、生活、社交活动中，酒与民风民俗保持着血肉相连的密切关系。在农事节庆、婚丧嫁娶、生日寿庆、庆功祭奠、迎送宾客等民俗活动中，酒是必备物品。农事节庆时的祭拜庆典，借酒缅怀先祖、寄托追求丰收与富裕的情感和意愿；村中乡饮时，乡里邻居间的欢乐融洽、亲密友好气氛，因为酒的兴奋作用和亲和作用而达到极致。丧葬之酒，表后人忠孝之心；生日寿庆之酒，显人生之乐趣；亲友相聚之酒，叙手足之情谊。总之，无酒不成席，无酒不成礼，无酒不成俗，离开了酒，民俗活动便无以举行，悲喜情感便无所依托。

中国白酒就像一面明镜，见证了我国几千年来的历史文化变迁，承载着举足轻重的历史使命。酒文化是文化百花园中的一朵奇葩，源远流长、根深叶茂。

第三章

如何做
一瓶好酒

很多人问过我一个同样的问题，如何酿制一瓶好酒？其实，这个问题说简单也简单，说复杂也复杂。首先，我们要对好酒有一个定义。对于个体而言，可能会认为自己觉得好喝的酒就是好酒；而对于大多数人而言，像浓香型的五粮液、剑南春，酱香型的茅台、郎酒就是好酒。你要做出好酒，首先你要知道什么是好酒。

有人说，酿酒很简单，把粮食蒸熟，加入大曲之后放入一个坑中，然后密封一两个月，拿出来用甑子一蒸，馏出来的酒就是纯粮白酒，像有些小作坊就是采用这种方式进行白酒的酿造的。诚然，白酒是由粮食转化而来的，但是它的工艺技术并不是想象中那么简单。影响白酒品质的因素非常多，任何一个环节出现问题都可能直接影响酒的质量。对于生产者而言，传统而成熟的生产工艺、熟练的操作、严格的质量控制，是生产好酒的基础条件，但是还有一个非常重要的因素，那就是环境。很多浓香型白酒厂都有能力复制五粮液的生产工艺，很多酱香型酒厂都照搬茅台酒的生产过程，但是这样就能生产出五粮液、茅台吗？答案是否定的。下面就具体说说影响白酒生产的几大要素。

适宜的自然环境

白酒生产看似门槛低，容易掌握，但是业内人士都知道，要生产出好的白酒，适宜的自然条件必不可少。所谓适宜，就是环境的温度、湿度、水分、土壤等适宜酿酒微生物的生长，而这些微生物就是酿酒的关键所在。例如，中国产量最大、品种最多的浓香型白酒，是典型的采用我国特有传统工艺生产的白酒，在漫长的发展过程中，经长期不间断的生产和对酿酒环境中微生物的长期培养形成了独特的酿酒微生物区系。而且，因为传统的生产工艺，多粮浓香型白酒生产主要依赖于酿酒微生物代谢及其所产生的酶所催化的各种酶促反应而得以进行。同时，浓香型白酒生产过程中的半开放生产状态所决定的自然接种，空气中的微生物区系对浓香型白酒的生产起着巨大的作用。因此，空气和自然环境中的有益微生物种类和数量直接影响到多粮浓香型白酒的产量和品质。

俗话说得好，“一方水土养育一方人”，古人道“橘生淮南则为橘，生于淮北则为枳”。酿酒亦是如此，地区之间，甚至是相邻企业之间产品品质差异都非常大，那么可能你就要问了，什么样的环境最有利于酿酒呢？其实不难发现，大部分名酒企业都坐落在比较偏僻的地区，有的甚至被崇山峻岭所包围，如茅台所在地茅台镇、郎酒所在地二郎镇等，这些地区的环境都有一些相同的典型特点：植被茂密，降水丰富，水系发达，潮湿湿润，气候适中，春夏秋冬四季分明，这些条件促使园区内的酿酒微生物种类和数量异常丰富，为好酒的产出提供了必要条件。

Tips：水土条件对白酒质量有何影响

无论是白酒，还是葡萄酒，水土条件都被认为是影响酒质风味的重要条件。水土条件是指某个产区特定的土壤构成、地形地貌、光照条件、天气和气候、降雨情况、当地生长的植物，以及其他诸多自然因素。

白酒酿造是微生物发生生化反应的过程。任何影响微生物数量、品种及生长、繁殖过程的因素都会直接影响白酒发酵的结果，导致酒体质量发生改变。所以才会出现相同工艺在不同地区生产的酒绝不会相同的现象，这也是中国白酒的独特魅力。原料、用水、空气、曲药、水分、温度、设备、窖池，乃至相关生产人员等因素都可能会引起白酒中一些微量成分的变化，尤其是水土条件对酿酒的影响至关重要。各地区空气的湿度、温度以及土壤、空气中所含的微生物品种不同，季节的变化等都会使微生物种群产生差异，从而导致酒体质量的差异。

优质的原辅材料

众所周知，酿酒以粮谷类的淀粉质原料为主，大家最为熟悉的就是高粱，它也是使用范围最广的，大部分香型的白酒都是以高粱作为主要原料的。酿酒的基本原理就是将淀粉转化为糖，再将糖转化为酒精的过程，所以凡是含有淀粉和可发酵性糖或可转化为可发酵性糖的原料都可用微生物发酵的方法生产白酒，只是风格上的差异很大，所以其市场价格、消费群体也不一样。

生产中主要使用粮谷和甘薯作为酿酒原料。

但是，根据白酒的工艺、品种的不同，所采用的原料也有所差别。例如，五粮液是采用高粱、大米、玉米、糯米五种粮食为原料；而茅台则是选用优质高粱和小麦为原料等。原料作为酿酒的第一道工序，必须严格把控其质量，为生产优质酒打下基础。

除主要原料之外，还需一定的辅料。辅料的作用是，辅助原料的正常发酵，提供有利的环境和条件。它们可以调整酒醅的淀粉浓度、酸度；吸收酒精，保持浆水；使酒醅疏松不腻，有一定的含氧量，增加界面作用，保证正常发酵和提高蒸馏效率。对酿酒辅料的要求是，要有良好的吸水性和骨力，不含有异杂物，新鲜、干燥、无霉变，不含有果胶物质，一般用谷糠和稻壳最好。

成熟的老窖泥

在行业内，关于浓香型白酒的生产一直流传着“千年老窖万年糟，酒好全凭窖池老”的说法，这是有科学依据的，足以说明窖池是生产优质浓香型白酒的重要前提条件。

不断进步的科学技术更验证了窖池对浓香型白酒生产的重要性。现代的菌检技术发现，窖池的窖泥中生长着种类繁多、功能各异且有益于酵酒的微生物菌落群，正是这些肉眼看不到的微生

物利用谷物中的淀粉、蛋白质等成分发酵生成了浓香型白酒中的各种呈香、呈味的物质。窖龄越长，微生物越多；香味物质越多，酒香越浓。因此，好窖池、优质的窖泥是生产优质浓香型白酒的重要前提条件。那么，怎样才能培育出好的窖池呢？

要建造好的窖池，首先要选择一个适合酿酒微生物生长的环境。四川作为优质浓香型白酒的生产基地，正是得益于其温暖、潮湿，适合酿酒微生物群生长的气候环境。有些酒厂虽然地处沿海地区，但凡参观过的人都会发现，其酒窖窖池总体低于地平面10米，处在一个相对较封闭的环境，犹如一个“世外桃源”，而且受海洋潮湿温暖气候影响比较显著，无疑是人工营造了一个适合有益酿酒微生物生存、繁衍的良好环境。

另一个影响窖池质量的关键因素就是窖泥本身的质量。在以前，窖池建成后，靠“以窖养糟，以糟养泥”，这是一个长期的自然老熟的过程，需经过数年乃至数十年的漫长过程，故有“千年老窖万年糟”的说法。随着科学技术的不断进步以及微生物学的发展，老窖的奥秘也逐步被人们揭示，出现了人工加速窖泥老熟的方法，也就是现在业内所说的“人工老窖”。人工窖泥的培养与配方虽不尽相同，但不论采用何种配方和培养方式，其目的都是通过人工提供微生物所需营养基，使各种有益酿酒的微生物在上面快速富集、繁殖。在泥质的选择上，要选取腐殖质含量丰富的泥土，它可为微生物的繁衍提供天然营养必需物质，同时又可带进甲烷菌等厌氧菌类。作为一种生香功能菌，甲烷菌在白酒的发酵过程中具有非常重要的作用。所以，窖泥的质量，特别是窖池的连续生产时间的长短，对浓香型白酒的质量起着决定性的作用。

纯正的曲药

曲药是生产酿造白酒的糖化发酵剂，提供发酵的原动力。大曲质量的好坏至关重要，它直接影响着大曲白酒的质量、产量和风格。大曲的制作过程，实际上就是一个富集酿酒微生物菌群、产生发酵酶系和香味前驱物质的过程。而制曲过程就是一个为微生物创造生活环境，使其繁殖代谢的过程。因为各种微生物的习性不同，所以在制曲过程中要充分考虑其变化规律，以创造出生产优质大曲的最佳环境。

酒曲上生长有大量的微生物，还有微生物所分泌的酶（淀粉酶、糖化酶和蛋白酶等），酶具有生物催化作用，可以加速将谷物中的淀粉、蛋白

质等转变成糖、氨基酸。

我们最常见的大曲是以小麦、大麦和豌豆等为原料，经破碎、加水、拌料、压成砖块状的曲坯，在人工控制的温度、湿度下培养而成的。大曲中含有霉菌、酵母、细菌等多种微生物，是一种多菌的混合（酶）制剂。大曲所含微生物的种类和数量，受到制曲原料、制曲温度和环境等因素的影响。由于大曲含有多种微生物，所以在酿酒发酵过程中形成了种类繁多的代谢产物，组成了各种风味成分。所以，想要酒质好，必须严格控制曲药的质量和用量。

传统的生产工艺

中国白酒的生产大多以传统手工工艺为主。近年来，随着科技的进步，一些大中型企业采用以部分机械来代替人工操作的方式进行生产，最常见的就是行车的使用，它大大降低了劳动强度。而全机械化生产目前还很少见，像一些关键的工序，如上甑、量质摘酒等，基本还是靠工人师傅的经验操作，以口传心授的方式代代相传。

每个酒厂都有其独特的操作工艺，如浓香型白酒的生产分为原窖法、跑窖法和老五甑法。而不同香型白酒的生产工艺也各不相同，如有的白酒的生产原料需要粉碎，有的需要整粒粮食进行发酵；发酵容器上，有的是在泥窖中发酵，有的是在水泥池中发酵，还有的是在不锈钢罐中进行发酵。

我们也可按生产工艺将白

酒分为：①固态法白酒。原料经固态发酵，又经固态蒸馏而成，为我国传统白酒的生产工艺。②液态法白酒。原料经过液态发酵，又经过液态蒸馏而成。其产品为酒精，或是酒精再经过加工如串香、调配后成为普通白酒，俗称大路货白酒。③调香白酒。用固态法生产的白酒或用液态法生产的酒精经过加香调配而成。④串香白酒。液态法生产的白酒或用液态法生产的酒精经过加香调配而成。以上这些都是市面上常见的白酒产品，其中以固态法白酒口感最好，质量最优。

我们认为要生产出好酒，首先必须是纯粮固态酒，而且必须严格按照传统生产工艺进行操作。入窖时，必须控制好酸度、水分、淀粉、温度这些要素，最好将发酵时间适当延长；上甑做到“轻、撒、匀、铺，探气上甑”；蒸馏时，做好“小火馏酒、大火蒸粮”。制定标准操作规程，并严格执行，就能生产出好酒来。

精心储存与合理勾调

刚馏出的酒我们称为“新酒”，新酒中有强烈的刺激味和辛辣味，度数很高，口感不醇和。新酒必须经过长时间的贮存，内部发生一系列的物理、化学反应，使酒变得醇和、绵柔，并带有令人愉快的陈香气，这时才最适合饮用，也就是我们日常所说的“酒是陈的香”。一般储存好酒的容器都以陶坛为最佳，由于其特殊的构造，能使酒更好地“呼吸”，加快反应的进程，促进酒的老熟。

在生产过程中，将蒸出的白酒和各种酒互相掺和，称为勾兑，这是白酒生产中的一道重要工序。因为不同车间、不同窖池，甚至是不同糟层出的酒，质量、风格不可能完全一致，勾兑的目的是，使酒的质量差别得以缩小，质量得到提高，使酒在出厂前质量稳定，标准统一。勾兑好的酒，称为基础酒，质量要基本达到同等级酒的水平。

勾兑酒的作用，主要是使酒中各种微量成分配比适当，达到该种白酒标准要求或获得理想的香味和风格。好酒与差酒相互勾兑，勾兑后的酒可以变好或变坏；差酒与差酒相勾兑，勾兑后的酒也可以变好酒；如果好酒与好酒勾兑，比例不当，各种酒的性质、气味不合，勾兑后的酒质量也可能下降。但一般来说，好酒与好酒勾兑，质量总是提高的。由于有了勾兑这一工序，所以各种杂味酒不一定是不好的酒，它们有的可以用作调味酒，尤其是一些带有苦、酸、涩、麻的酒，也有可能是好酒。后味苦的酒，可以增加酒的陈酿味。后味涩的酒，可以增加酒的香味，可用作带酒、搭酒。有焦煳味的酒、酒尾味的酒，以及有霉味、倒烧味、丢糟味的酒，如果这些酒异味较轻微而又有其特点，也可作为搭酒，少量用以勾兑，可增加酒的香气。

基础酒做好之后，就要对其进行调味。调味是对勾兑后的基础酒的一项加工技术。调味的效果与基础酒是否合格有密切的关系。如果基础酒好，调味就容易，调味酒的用量也少。调味酒又称精华酒，是采用特殊少量的（一般在1/1000左右）调味酒来弥补基础酒的不足，加强基础酒的香味，突出其风格，使基础酒在某一点或某一方面有较明显的改进，质量有较明显的提高。

白酒调味的作用可归纳为三种：添加作用、化学反应作用和平衡作用。调味前对基础酒必须有明确的了解，要选择好调味酒，要先进行小样试验。调味后的酒一般需要贮存7~15天，然后再品尝，确认合格后才能包装、出厂。

调味酒的种类很多，基本上都是通过特殊工艺生产出来的纯粮酒。单独品尝调味酒时，常常感到味怪而不谐调，容易误认为是坏酒。调味酒的种类、质量、数量与调味效果也有密切的关系。

酒的勾兑和调味都需要有精细的尝酒水平，尝评技术是勾兑和调味的前提。尝评水平差，就会影响勾兑调味效果。为了尽可能保证准确无误，对勾兑、调味后的酒，一般采取集体尝评的方法，以减少误差。

第四章

中国白酒香型

中国白酒香型，是从第三届（1979 年）全国白酒评比会开始提出并发展至今的，目前我国白酒共分为十二大香型。其中，浓香型、酱香型、清香型、米香型为四大基本香型，而老白干香型、芝麻香型、豉香型、药香型、兼香型、特香型、凤香型、馥郁香型这八种香型是由四种基本香型中的一种或多种香型（两种或三种）在工艺技术的糅合下衍生出来的独特香型。

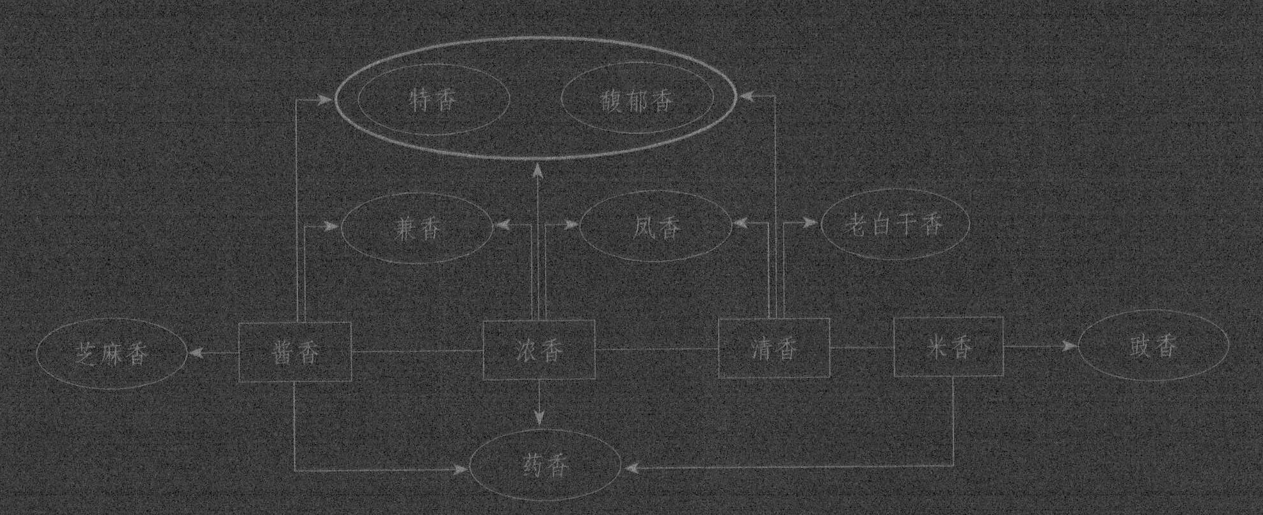

十二种主要香型

不同香型的白酒体现了不同的风格特征。由于酿酒时采用了不同的原料、糖化发酵剂以及受发酵设备、生产工艺、贮存时间、容器、勾调技术与地理环境等诸多因素的影响，各香型的白酒形成百花齐放、各有千秋的风格特征。现将十二种香型白酒的典型代表产品及工艺要点简述如下：

浓香型

代表产品：泸州老窖特曲、宜宾五粮液、剑南春、全兴大曲、沱牌曲酒、洋河大曲

1. 原料：单粮，高粱

多粮，高粱、小麦、大米、糯米、玉米

2. 糖化发酵剂：中偏高温大曲

3. 发酵设备及其型式：泥窖、固态发酵

4. 发酵时间：45~90 天

5. 工艺特点：泥窖固态发酵、续糟配料、混蒸混烧

6. 感官评语：无色（微黄）透明、窖香浓郁、绵甜醇厚、香味协调、尾净爽口。

代表产品：贵州茅台酒、四川郎酒

1. 原料：高粱

2. 糖化发酵剂：高温大曲

3. 发酵设备及发酵型式：条石窖、固态发酵

4. 发酵时间：八轮次发酵，每轮 35~40 天

5. 工艺特点：采用两次投料、条石窖八轮次发酵、七次蒸酒，具有四高（高温制曲、高温堆积、高温发酵、高温馏酒），两长（发酵周期长、贮存时间长）特点。

（一）大曲清香

代表产品：山西汾酒

1. 原料：高粱

2. 糖化发酵剂：大曲

3. 发酵设备及其发酵型式：地缸、固态发酵

4. 发酵时间：28天左右

5. 工艺特点：清蒸清烧

6. 评语：无色透明、清香纯正、醇甜柔和、自然协调、余味净爽。

（二）麸曲清香

代表产品：牛栏山二锅头、红星二锅头

1. 原料：高粱

2. 糖化发酵剂：麸曲酒母

3. 发酵设备及发酵型式：水泥池固态短期发酵

4. 发酵时间：4~5天

5. 工艺特点：清蒸清烧

6. 评语：无色透明、清香纯正（以乙酸乙酯为主体的复合香气明显）、口味醇和、绵甜净爽。

（三）小曲清香

代表产品：江津白酒、江小白、台湾金门高粱酒

1. 原料：高粱

2. 糖化发酵剂：小曲

3. 发酵设备及发酵型式：水泥池或小坛、罐固态短期发酵

4. 发酵时间：四川小曲清香7天，云南小曲清香30天

5. 工艺特点：清蒸清烧

6. 评语：无色透明、清香纯正，具有粮食小曲特有的清香和糟香，口味醇和回甜。

米香型

代表产品：桂林三花酒、全州湘山酒

1. 原料：大米

2. 糖化发酵剂：小曲

3. 发酵设备及发酵型式：不锈钢大罐和陶缸半固态发酵

4. 发酵时间：7天

5. 工艺特点：半固态短期发酵

6. 评语：无色透明、蜜香清雅、入口柔绵、落口爽净、回味怡畅。

凤香型

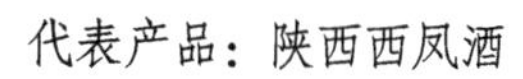

代表产品：陕西西凤酒

1. 原料：高粱

2. 糖化发酵剂：中偏高温大曲

3. 发酵设备及发酵型式：泥窖（土窖）固态发酵

4. 发酵时间：30天

5. 工艺特点：混蒸混烧、续糟、老五甑工艺

6. 评语：无色透明、醇香秀雅、醇厚丰满、甘润挺拔、诸味协调、尾净悠长。

代表产品：贵州遵义董酒

1. 原料：高粱

2. 糖化发酵剂：大小曲分开用

3. 发酵设备及发酵型式：泥窖固态发酵；小曲制小曲酒醅，大曲制香醅

4. 发酵时间：小曲7天，大曲香醅8个月左右

5. 工艺特点：小曲酒醅串蒸大曲香醅，双醅串香

6. 评语：清澈透明，香气幽雅，入口醇和浓郁，饮后甘爽味长，尾净。

豉香型

代表产品：广东石湾玉冰烧

1．原料：大米

2．糖化发酵剂：小曲

3．发酵设备及发酵型式：大罐发酵，液态发酵

4．发酵时间：15天

5．工艺特点：大罐液态发酵再经陈化处理的肥猪肉浸泡

6．评语：玉洁冰清、豉香独特、醇和甘润、余味爽净。

代表产品：山东景芝白干、山东扳倒井、江苏梅兰春

1．原料：高粱

2．糖化发酵剂：以麸曲为主，高温曲、中温曲、强化菌曲混合使用

3．发酵设备及发酵型式：水泥池，固态发酵

4．发酵时间：30~45天

5．工艺特点：清蒸混烧

6．评语：清澈（微黄）透明、芝麻香突出，幽雅醇厚、甘爽协调、尾净，具有芝麻香特有风格。

代表产品：江西樟树四特酒

1．原料：大米

2．糖化发酵剂：大曲（制曲用面粉、麸皮及酒精）

3．发酵设备及发酵型式：红褚条石窖，固态发酵

4．发酵时间：45天

5．工艺特点：老五甑混甑混烧

6．评语：酒色清亮、酒香芬芳、酒味纯正、酒体柔和、诸味协调、香味悠长。

（一）酱兼浓

代表产品：湖北白云边

1．原料：高粱

2．糖化发酵剂：高温大曲80%，低温大曲20%

3．发酵设备及发酵型式：水泥池、固态发酵

4．发酵时间：九轮次发酵，每轮发酵1个月

5．工艺特点：固态多轮次发酵，1~7轮为酱香工艺，8~9轮为混增混烧浓香工艺

6．评语：清亮透明，芬芳、细腻、丰满、浓酱协调、余味爽净、悠长。

（二）浓兼酱

代表产品：安徽口子窖

1．原料：高粱

2．糖化发酵剂：大曲

3．发酵设备及发酵型式：水泥窖和泥窖并用、固态分型发酵

4．发酵时间：浓香型酒发酵60天，酱香型酒发酵30天

5．工艺特点：采用酱香、浓香分型发酵产酒，分别贮存，勾调（按比例）而成

6．评语：清亮（微黄）透明，浓香带酱香、诸味协调、口味细腻、余味爽净。

代表产品：河北衡水老白干酒

1．原料：高粱

2．糖化发酵剂：中温大曲

3．发酵设备及发酵型式：地缸固态发酵

4．发酵时间：15天

5．工艺特点：混蒸混烧、续糟、老五甑工艺，短期发酵

6．评语：清澈透明、醇香清雅、甘冽挺拔、丰满柔顺、回味悠长、风格典型。

馥郁香型

代表产品：湖南酒鬼酒

1. 原料：高粱、大米、糯米、玉米、小麦

2. 糖化发酵剂：小曲培菌糖化，大曲配糟发酵

3. 发酵设备及发酵型式：泥缸固态发酵

4. 发酵时间：30~60天。

5. 工艺特点：整粒原料、大小曲并用、泥窖发酵、清蒸清烧

6. 评语：清亮透明，芳香秀雅、绵柔甘洌、醇厚细腻、后味怡畅、香味馥郁、酒体净爽。

各香型的执行标准

白酒的执行标准主要是指产品执行标准，包括国家和地方标准，按香型分类主要有：GB/T 10781.1—2006浓香型白酒、GB/T 26760—2011酱香型白酒、GB/T 10781.2—2006清香型白酒、GB/T 23547—2009浓酱兼香型白酒、GB/T 20823—2007特香型白酒、GB/T 10781.3—2006米香型白酒、GB/T 16289—2007豉香型白酒、GB/T 14867—2007凤香型白酒、GB/T 20824—2007芝麻香型白酒、GB/T 20825—2007 老白干香型白酒、GB/T 26761—2011小曲固态法白酒。可见，各个香型白酒的产品执行标准是不一样的，这和原材料、生产工艺、组合勾调技术是分不开的。

随着社会的发展，人们的生活水平不断提高，消费者对于白酒质量特别是口味要求也越来越高，

单一的香型已经不能满足人们的生活需求。随着白酒生产技术不断改进，产品质量不断提高，涌现出了多种新型口味的白酒。在这样的环境下，通过香型融合技术，复合香白酒应运而生。所谓复合香型白酒，就是将制曲、酿酒工艺相互融合、加以创新，结合当地的地域、环境和消费习惯等形成独特的工艺，衍生出的具有多种香型的白酒。著名的芝麻香型、馥郁香型、兼香型和特香型等就是其中的典型代表。可以预见，今后将有更多的复合香型白酒出现，或许将成为一种发展趋势。

第五章

白酒的酿造过程

中国白酒的酿造过程非常复杂，而且各个香型白酒的酿造工艺各不相同，都有其特别之处，但是它们的酿造原理都是相通的。

和葡萄酒一样，白酒的酿造首先从原料的选择开始。高粱是酿酒最重要的原料，几乎所有香型的白酒都会用高粱，其他原料还有小麦、大米、糯米、玉米等。原料的配比根据不同香型、不同地区而定，各个酒厂也不尽相同。原料的选择有非常严苛的要求，从色泽、饱满度、有无霉变、香气甚至手感上来判断原料的质量并进行控制。目前，很多酒厂都开始建造粮食种植基地，从源头上控制产品的质量，同时也赋予了白酒更多的地域属性。

原料选好之后，就要对其进行处理，但处理方法也分很多种，如最典型的浓香型白酒和酱香型白酒，在原料处理上有着很大的差异。浓香型白酒会将原料粉碎，使原料中的淀粉与外界充分接触，进而转化为酒精；而酱香型白酒却是用整粒高粱和小麦进行发酵，这与其发酵轮次多、发酵周期长的特点相得益彰。

1. 发酵

作为白酒酿造中最关键的步骤，一直被认为是最难控制的工序，白酒的风格、香气、质量就是在这一过程中基本确立的。这就像培养一株小树苗一样，你将原料、养分投入到窖池中，必须给予它适量的水分、温度，让其在窖池中正常发酵，不断地将淀粉转化为酒精，并生成各种微量香味成分。还有一点很重要，就是适宜的发酵条件能够抑制大部分有害物质的生成，使酒体更加柔顺和细腻。

发酵是将淀粉分解为糖，并将糖转化为酒精的过程。在这一过程中，还有一种物质非常重要，那就是曲药。曲药按其原料、形状、培养温度等分为高温大曲、中温大曲、低温大曲、小曲、药曲、麸曲等。曲药是白酒发酵的原动力，曲药中含有大量的微生物，如细菌、霉菌、酵母菌等，它们不断生产繁殖，持续工作，产生大量的代谢产物，这正是我们所需要的。通常17~18克的糖分可转化为1度酒精，所以白酒的出酒率一般不高。

2. 装甑蒸馏

这是白酒酿造生产过程中的最后一道工序。将发酵生成物最大限度地通过蒸馏提取出来，关键在于装甑技术是否熟练。装甑操作要做到轻、松、薄、匀、散、见潮、见气装。坚持缓火蒸馏，是白酒达到增香去杂的有效措施。其原理是：在蒸馏过程中，蒸汽压力低，上汽均匀、流速缓慢，从而使酒醅内香气成分充分地被水蒸气拖带于酒中，使酒中的香味成分含量高；同时，防止因大水大汽而产生的大量硫化氢及高沸点物质如番薯酮等被蒸入酒内。另外，应适当提高流酒温度，尽量排出含硫化合物以及乙醛、丙烯醛、硫醇等杂辣物质，为缩短贮存期创造条件。

白酒蒸馏在正常情况下，酒精成分在酒头或中段馏酒中基本稳定，或微有下降趋势，接近尾酒则急剧下降。酸在酒头及中馏酒里，在基本稳定的情况下微有上升，后期增长较快。醛、酯及高沸点杂醇油都集聚酒头，随蒸馏的继续而下降，嗣后稍稳定，酯在酒尾回升。由于酯、高级醇集聚于酒头，因此，蒸馏时每甑接取1~2千克酒头，并单独存放 1 年左右可以作为调酒的香料酒。“掐头去尾”在名优质白酒生产中被广泛采用。

许多高沸点物质，特别是呈香味物质，聚于酒尾，同时也有不少杂味物质，如五碳糖生成的糠醛、由酪氨酸而来的酪醇、由单宁或木质素分解而来的某些酚类化合物及有苦味的杂醇油混在其中。但是，必要的香味物质在白酒里常常是过剩的。因此，名优质白酒要求浓郁，贮存期较长，酒度适当低一些，使酒尾高沸点物质移出酒内。有异味的次原料或贮存期短的普通酒要摘高度酒，酒尾复馏以多排出邪杂味。当然，摘酒度过高，将使许多高沸点香味未被蒸出而残留于酒醅、糟内，致使酒的香味不浓。

刚蒸馏而出的白酒我们通常称为原酒，其特点是度数高、酒体较辛辣、有浓郁的新酒味，必须储存一段时间经降度之后方能饮用。经过一定时期的贮存，其香气、口感、质量会有很大的提高，这也证实了“酒越陈越香”这一说法的准确性。

3. 贮存勾兑

这是提高白酒质量的有益的手段，有“画龙点睛”的说法。白酒贮存不应看成是简单的存放，而应视为半成品加工过程。优质酒通过合理贮存是排除杂味，即硫化氢（臭鸡蛋味）、硫醇（臭萝卜味）、二乙基硫（焦臭味）、丙烯醛（具有催泪辣眼气味）、游离氨（氨水的臭味）、丁酸、戊酸、己酸及其醇类（属于汗臭味），进行氧化使醇加酸生成酯类、醛加醇生成缩醛类，降低辛辣味，增加香气（联酮类化合物等）的有效办法。同时，由于水分子和乙醇分子的缔合，促使口味绵软醇厚。当酒度在52%~54%（vol）时，酒、水亲和力最大。所以在这个酒度范围内口味最绵软，再低或高则味辣。从蒸馏试验得知，有些有益的高沸点物质在蒸馏尾部，这也是高度酒缺少高沸点

物质的原因。从卫生观点和人体健康的角度出发，降低酒度是今后发展的必然方向，也是健康饮酒的必然要求。

目前来看，随着酿酒产业呈现多样化的发展趋势，以科技创新为手段，有目的、有计划地持续提升白酒产品的质量，以味见长，从产、质量兼顾到以质量为主，提高市场竞争力，口感上从推崇专家口味转移到适应消费者口味需求，适时发展多香型、多流派不同风味的产品，可使企业在发展中赢得巨大的竞争优势。

提高白酒质量的途径是去杂增香。去杂是前提，杂味不除，增香无益。增香使酒味更郁，但要有一定的限度，香气过浓势必造成口味不协调。因此，许多香味物质组成的白酒，其比例保持平衡尤为重要，只有这样才能使口味丰满、细腻。

其实不难看出，白酒的生产过程是一个既复杂又有趣的过程。说它复杂，这是因为从微观角度来看，粮食转化为酒精的过程其实是一个极其复杂的过程。其在具体生产中，以窖池和酒醅为基础，环境微生物、曲药微生物以及窖泥中的微生物在酒醅的固、气、液三相界面发生复杂的能量代谢反应；与此同时，酒醅在窖池环境中充当着物质循环、能量流动和信息传递的“三流运转”规律的载体，在整个发酵过程中，酒醅的物理性质不断发生变化，并产生了丰富的代谢物质，这些物质与白酒的最终风味密切相关。

第六章

白酒与健康

何为酒精单位

一个酒精单位等于10毫升纯酒精，一个酒精单位相当于酒精含量40%的烈性酒25毫升或酒精含量12%的葡萄酒175毫升。英国健康教育局认为，成年男性每周最多摄入不超过21个酒精单位，每天不超过3~4个酒精单位；女性每周最多摄入不超过14个酒精单位，每天不超过2~3个酒精单位。

酒瓶上标示的酒精浓度（只取数字）×酒的分量（以升计）=酒精单位（约数）。

例如：一听酒精浓度5%的330毫升啤酒，大约有1.65个（5×0.33）酒精单位；一瓶酒精浓度12%的750毫升红酒，大概有9个（12×0.75）酒精单位。摄入量计算公式：摄入的酒精量（克）=饮酒量（毫升）×含酒精浓度（%）×0.8（酒精密度）。

酒的食疗价值

酒是含酒精的一种饮料。因原料、酿造加工、贮藏等多种条件的不同而有很多种类。从制作方法分，酒有蒸馏酒和非蒸馏酒两大类，前者可见于一般的白酒；后者有米酒、黄酒、葡萄酒等多个品类。我国有许多名酒，如茅台酒、董酒、泸州老窖、五粮液、剑南春、洋河大曲、全兴大曲、汾酒、西凤酒、古井贡酒、百年糊涂酒以及红玫瑰葡萄酒、白葡萄酒、竹叶青等。入药用普通白酒、黄酒或米酒即可。此处所论，以普通白酒为主。

中医认为，白酒味辛、甘，性温，能活血通脉，祛寒壮神，宣导药势。此外，米酒又可温养脾胃，米酒、黄酒有一定补益作用。

酒类均含乙醇，蒸馏酒（白酒）含乙醇量为50%~70%；非蒸馏酒含乙醇量较低，为15%~20%。

蒸馏酒含有小部分高级醇、脂肪酸、醛、酯类物质和少量挥发酸、不挥发酸。如东北高粱酒

中含甲酸、乙酸、丁酸、乙酸乙酯、丁酸乙酯、乙酸戊酯、丁酸戊酯，少量的丙醇、丁醇、戊醇等。非蒸馏酒如绍兴黄酒，含有机酸、糖类、甘油、酯类、醛类；米酒含较多的糖类、有机酸等。少量饮酒、饮乙醇含量较低的酒（10%左右），可使唾液、胃液分泌增加，促进胃肠消化和吸收。乙醇在胃肠道中吸收迅速，低浓度酒较高浓度酒易于吸收。进入体内的乙醇绝大部分被完全氧化，放出热量；少量未被氧化的乙醇，主要通过肾、肺排出。中等量的乙醇可促进血液循环、扩张皮肤血管，故常致皮肤红润而有温暖感，但不能持久，最终使热量耗散。乙醇能使大脑抑制功能减弱而显示出较长时间的兴奋现象。非蒸馏酒有不同程度的营养补益作用。

酒可用于痹证，经脉不利，肢体疼痛，拘挛；胸痹，胸阳不宣，胸部隐痛，或胸痛彻背；血瘀或阴寒内盛的病证；劳累后体倦神疲，肢体酸痛。

我们可直接饮用或温饮。和药同煎或与药液兑服，送服某些丸、散药剂，浸制某些食物、药物。

需要注意的是，湿热或痰湿蕴结、失血、阴虚、痔疮病人忌服度数较高的酒。高血压、动脉硬化，肝炎、肝硬化，以及肺结核等疾患也忌饮酒。此外，不宜在空腹时饮酒。妇女妊娠期不应饮酒（以免影响胎儿的健康）。

短时间大量饮酒，可导致急性酒精中毒，轻者烦躁多语、恶心呕吐；重者昏睡、昏迷、面色苍白、呼吸缓慢、脉快而弱、体温下降，须及时救治。长期较大量饮酒，也可造成慢性酒精中毒，出现智力减退，精神淡漠，并可引起维生素缺乏，出现慢性胃炎，心、肝、肾的变性，以及神经炎、肝硬化等疾病。长期饮酒还被认为是导致消化道肿瘤的原因之一。那么，你可能会问，人体摄入白酒后，会发生一些怎样的变化呢？那就得从酒精在人体中的代谢说起。

白酒在人体内的代谢

白酒中，水和乙醇的含量在98%以上，其余2%的物质是酸类、醇类、酯类等微量成分。我们饮酒之后，从消化道被吸收的酒，90%~98%自门脉进入肝脏，并通过肝脏被代谢。经肝脏处理后的酒及其代谢物进入体循环，仅仅2%~10%的酒经尿、汗、呼气排出，抑或转移至唾液或乳汁中。

酒精代谢在肝脏中按下列化学过程进行，最终产物是水和二氧化碳：

$$CH_3CH_2OH \rightarrow CH_3CHO \rightarrow CH_3COOH \rightarrow CO_2+H_2O$$

以上过程，因生成的CH_3COOH易形成乙酰辅酶A进入三羧酸循环，被彻底氧化为二氧化碳（CO_2）和水（H_2O），因此乙醇代谢的主要限速步骤在前两步。在人体内前两步反应主要由酶催化。酶的活性因地区、民族、个体的差异而有所不同，因而对乙醇的处理能力亦不同，由此造成人们饮酒量的差异。

1. 乙醇氧化生成乙醛

在肝脏，乙醇可分别通过4种酶作用被代谢

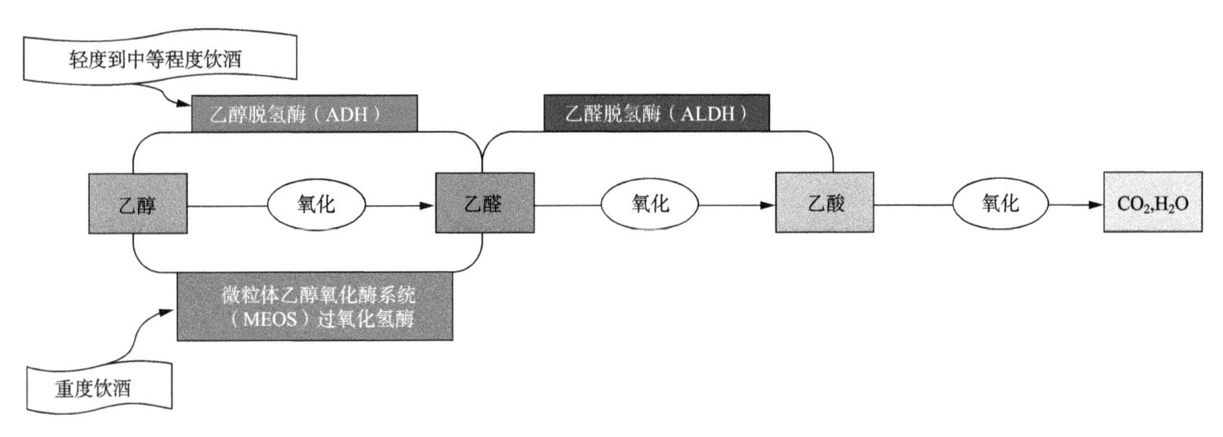

乙醇在人体内的代谢示意图

成乙醛。在正常生理条件下，约80%的酒精被乙醇脱氢酶（ADH）代谢；余下约20%的大部分由微粒体乙醇氧化系统（MEOS）代谢，少部分由NADPH氧化酶、过氧化酶和黄嘌呤氧化酶及过氧化酶系统进行代谢。以下只对前两个主要途径作详细阐述。

（1）脱氢酶（ADH）系统：乙醇的氧化，在肝脏细胞浆中存在乙醇脱氢酶能够完成如下反应：

$$NAD^+ + CH_3CH_2OH \rightarrow NADH + H^+ + CH_3CHO$$

由ADH所致的乙醇氧化，需要NAD^+作辅酶，乙醇经过脱氢而生成乙醛。经常饮酒，可使肝细胞内NADH和H^+增加。NADH可能作为丙酮酸盐转变为乳酸盐的氢载体。饮酒后乳酸盐及尿酸浓度升高，可诱发痛风发作。

（2）微粒体乙醇氧化酶系统（MEOS）：对于嗜酒者ADH已不能全部完成乙醇的代谢，这时机体会诱导细胞色素P_{450}的基因表达即生成混合功能氧化酶，催化以下反应：

$$NADPH + H^+ + O_2 + CH_3CH_2O \rightarrow NADP^+ + 2H_2O + CH_3CHO$$

此反应所用辅酶及生成的中间体都不同于脱氢酶系统，反应物以NADPH作辅酶，并使H^+浓度降低。另外反应中O_2还原成水时需得到4个电子，这4个电子可一次获得，也可分别获得，产生带一个或几个电子的活性中间体，即超氧离子（O_2^-）、过氧化氢（H_2O_2）、羟基自由基（·OH）等，这些物质对人体带来很大的伤害。

此外，MEOS还可代谢许多药物。当MEOS活性提高时，对药物代谢也亢进。所以酒量大的人服药难以奏效或药效发挥不正常。

2. 乙醛的代谢

乙醛的氧化，由肝细胞线粒体内的醛脱氢酶（ALDH）催化脱氢生成乙酸，反应式为：

$$NAD^+ + CH_3CHO + H_2O \rightarrow NADH^+ + CH_3COOH$$

ALDH以两种类型存在。其中，$ALDH_2$存在于微粒体中，Km值小，可处理低浓度乙醛的80%。日本人先天缺乏$ALDH_2$者约41%，欧美却罕见。先天缺乏$ALDH_2$的人由于不能充分处理乙醛，即使少量饮酒也会出现颜面潮红，同时出现心悸、头痛、吸气困难、呕吐等症状。

酒的吸收速率在个体间存在较大差异。据著名学者维利姆·博斯龙（Willim Bosron）等的研究，酒精吸收速度在个体间相差2~3倍。这种差异是遗传和环境因素综合作用的结果。资料表明，白种人对酒精不敏感，黄种人和黑种人对酒精较敏感。各色人种对酒精代谢速度取决于酶系统活性，而酶系统活性种族个体差异很大，其中东方人种中，50%缺乏$ALDH_2$，而$ALDH_2$是ALDH中生理活性最强的一种同工酶。缺乏$ALDH_2$者在乙醇转化为乙醛后，乙醛较慢地转化为乙酸，因此乙醛浓度增高，对酒精敏感。因此，有人认为，东方人较西方人更易发生酒精中毒。各色人种对酒精代谢能力的差异，是遗传因素造成的，并不是饮酒训练所能左右的。

乙醇代谢酶编码基因位点的多态性导致ADH、ALDH和P_{450}酶的多形性，造成酒精中毒及酒精性肝病在不同种族、不同性别、不同人群发生发展的多样性。当然也不乏饮酒习惯、品种、数量以及饮食、营养等方面因素的影响。但是，归结至一点，即ADH活性增加和（或）ALDH活性降低，会导致肝细胞内乙醛浓度增加，因而加重乙醛对肝或其他器官的损伤，这是一个不争的实验结论。

以上的表述可能过于专业化，是从人体生理学的角度阐述了白酒之于机体的影响，但同时也向我们传递了一个信息——饮酒不宜过多，适量饮酒，才不会损害身体健康。

适量饮酒有哪些好处

如果适量地喝酒，配以好菜，心情舒畅，往往会化害为益，得到意外的好处。因为酒精经肝脏分解时需要多种酶与维生素的参与，酒的酒精度数越高，肌体所消耗的酶与维生素就越多，故应及时补充。新鲜蔬菜、鲜鱼、瘦肉、豆类、蛋类等均可作为佐菜。而咸鱼、香肠、腊肉等食品，因含有色素与亚硝酸盐，它们在人体内与酒精反应，不仅会伤害肝脏，而且易造成口腔与食道黏膜的损害，所以，不宜过多用以佐菜。

1. 白酒健康溯源

《周礼》记载，早在西周时期宫廷便设“食医”掌管王之六食、六饮、六膳。其中，六饮即水、浆、醴、凉、医、酏（浆，以料汁为之，是一种微酸的酒类饮料；醴，为一种薄酒，曲少米多，一宿而熟，味稍甜；凉，以糗饭加水及冰制成的冷饮；医，煮粥而加酒后酿成的饮料，清于醴；酏，更薄于“医”的饮料）。可见，酒的医疗保健功效在2000多年前便被世人认知。

千百年来，我国劳动人民就一直用白酒来解疲劳、提精神、祛寒镇痛、强身健体。东汉班固《汉书　食货志》称酒为“百药之长”；东晋张湛《养生要集》曰：“节其分剂而饮之，宣和百脉，消邪却冷”；唐代“药王”孙思邈对酒有“少饮，和血益气，壮身御寒，避邪逐秽”和“作酒服，佳于丸散，善而易服，流行迅速”之说；唐代陈藏器《本草拾遗》评价酒能“通血脉，厚肠道，润皮肤，散湿气。消忧发怒，宣言畅意”；明朝李时珍《本草纲目》有多处关于白酒效用的记载，如“面曲之酒，少饮则和血行气，壮神御寒”“适量饮酒可消冷积寒气，燥湿痰，开郁结，止水泄，治霍乱疟疾噎膈，心腹冷痛，杀虫辟瘴，利小便，坚大便”“烧酒，其味辛泄，升阳发热，其性燥热，胜湿祛寒，故能佛郁而消沉积，通膈噎而散痰饮，治泄疟而止冷痛也”等；清朝王士雄《随息居饮食谱》有云：“消冷积，御风寒，辟阴湿之邪，解鱼腥之气。”

值得一提的是，在“群经之首，大道之源”的《易经》中多次直接或者间接地提到了酒。《易经》需卦“九五”的“爻辞”说：“需于酒食，贞吉。”意思是酒与其他食物一样，是维持人类生命的必需品，是中正祥和、德泽万民的完美象征。《易经》坎卦“六四”的“爻辞”说：“樽酒，簋贰，用缶，纳约自牖，终无咎。”即把酒看作正大光明、坚强刚毅、坦诚来往、克服困难、避免灾祸之吉祥物。可见，从很早的时候开始，酒就与人们的生活息息相关。

根据医学古籍记载：白酒，味甘、辛；性热。入心、脾经，具有畅通血脉，活血祛瘀，祛风散寒，消冷饮，除胃寒，健脾胃，矫味矫臭的功效，还能引药上行，助药力、行药势、振精神。适量饮用白酒，有益于人体健康。人们对白酒医疗保健功效的认知，丰富了我国的酒文化，是我们祖先智慧的结晶。

2. 中国白酒与中草药保健共性

从中国白酒微量成分来看，有机物的种类非常丰富，如富含不饱和脂肪酸、杂环化合物、酚类化合物以及微量元素等，其中有些成分属于功能性保健因子。白酒中的这些功能性成分来自自然发酵，与中药材有共同的组分。下文仅选取57味中药材作一比较：

白酒与中药成分对比

序号	中药名	与白酒的共同组分	功效
1	川芎	阿魏酸、川芎嗪	活血行气，祛风止痛。用于月经不调、经闭痛经。症瘕腹痛、胸胁刺痛、跌扑肿痛、头痛、风湿痹痛
2	半夏	含 β－与 γ 氨基丁酸、天门冬氨酸、谷氨酸等多种氨基酸	燥湿化痰，降逆止呕，消痞散结。用于痰多咳喘、痰饮眩悸、内痰眩晕、痰厥头痛、呕吐反胃、胸脘痞闷、梅核气症，生用外治痈肿痰核
3	百合	脂肪、有机酸	养阴润肺，清心安神。用于阴虚久咳、痰中带血、虚烦惊悸、失眠多梦、精神恍惚
4	山药	植酸、氨基酸（10 多种）	补脾养胃，生津益肺，补肾涩精。用于脾虚食少、久泻不止、肺虚喘咳、肾虚遗精、带下、尿频、虚热消渴
5	千年健	含挥发油，其中有 α－蒎烯、β－蒎烯等	祛风湿，健筋骨。用于风寒湿痹、腰膝冷痛、下肢拘挛麻木
6	落新妇	2－羟基苯乙酸	祛风，清热，止咳。用于风热感冒、头身疼痛、发热咳嗽
7	芦根	天门冬酰胺、多糖类、糠醛及水溶性糖类等	清热生津，除烦，止呕，利尿。用于热病烦渴、胃热呕哕、肺热咳嗽、肺痈吐脓、热淋涩痛
8	天南星——虎掌南星	氨基酸	燥湿化痰，祛风止痉，散结消肿。用于顽痰咳嗽，风疾眩晕，中风痰壅、口眼歪斜、半身不遂，癫痫，惊风，破伤风；生用外治痈肿、蛇虫咬伤

序号	中药名	与白酒的共同组分	功效
9	天麻	对羟基苯甲醛、柠檬酸、琥珀酸等	平肝息风止痉。用于头痛眩晕、肢体麻木、小儿惊风、癫痫抽搐、破伤风症
10	荚果蕨贯众	脂肪酸，其中以花生四烯酸为主	清热解毒，杀虫，止血。用于蛲虫病、虫积腹痛、赤痢便血、子宫出血、湿热肿痛
11	水半夏	含有机酸、酚类化合物	燥湿，化痰，止咳。用于咳嗽痰多、支气管炎；外用鲜品治痈疮疖肿、无名肿毒、毒虫咬伤
12	升麻	阿魏酸及有机酸等	发表透疹，清热解毒，升举阳气。用于风热头痛、咽喉肿痛、麻疹不透、脱肛、子宫脱垂
13	白茅根	苹果酸	凉血止血，清热利尿。用于血热吐血、衄血、尿血、热病烦渴、黄疸、水肿、热淋涩痛、急性肾炎水肿
14	延胡索——齿瓣延胡索	棕榈酸、豆甾醇、油酸、亚油酸、亚油烯酸等	活血，利气，止痛。用于胸胁脘腹疼痛、经闭痛经、产后瘀阻、跌扑肿痛
15	菝葜	酚类、氨基酸、糖类	祛风利湿，解毒散瘀。用于关节疼痛、肌肉麻木、泄泻、痢疾、水肿、淋病、疔疮、肿毒、痔疮
16	莪术——广西莪术	含a-蒎烯、莰烯、蒎烯、柠檬烯、a-松油烯、丁香酚	破血行气，消积止痛。用于血瘀腹痛、肝脾肿大、血瘀闭经、饮食积滞
17	当归	含当归内酯、正丁烯酰内酯、阿魏酸、烟酸及倍半萜类化合物等	补血活血，调经止痛，润肠通便。用于血虚萎黄、眩晕心悸、月经不调、经闭痛经、虚寒腹痛、肠燥便秘、风湿痹痛、跌扑损伤、痈疽疮疡
18	防风	甘露醇	解表祛风，胜湿，止痉。用于感冒头痛、风湿痹痛、四肢拘挛、风湿瘙痒、破伤风
19	明党参	有机酸	润肺化痰，养阴和胃，平肝，解毒。用于肺热咳嗽、呕吐反胃、食少口干、目赤眩晕、疔毒疮疡
20	毛冬青	含酚类、甾醇、三萜、氨基酸、糖类等	清热解毒，活血通脉。用于冠状动脉硬化性心脏病、急性心肌梗死、血栓闭塞性脉管炎，外用治烧、烫伤，冻疮
21	麦冬	钠、钾、钙、镁、铁、铜、钴、铬、钛、锰、铅、镍、锶、钒和锌等微量元素	养阴生津，润肺清心。用于肺燥干咳，虚痨咳嗽，津伤口渴，心烦失眠，内热消渴，肠燥便秘，咽白喉
22	玄参	植物甾醇、油酸、亚麻酸、糖类	凉血滋阴，泻火解毒。用于热病伤阴、舌绛烦渴、温毒发斑、津伤便秘、骨蒸劳嗽、目赤、咽痛、瘰疬、白喉、痈肿疮毒
23	西洋参	含精氨酸、天冬氨酸等18种氨基酸	补肺阴，清火，养胃生津。用于肺虚咳血、潮热、肺胃津亏、烦渴、气虚
24	天冬	天冬酰胺、瓜氨酸、丝氨酸等近20种氨基酸，5-甲氧基-甲基糠醛	养阴生津，润肺清心。用于肺燥干咳、虚劳咳嗽、津伤口渴、心烦失眠、内热消渴、肠燥便秘、白喉

序号	中药名	与白酒的共同组分	功效
25	火麻仁	亚麻酸、亚油酸等	润燥滑肠通便。用于血虚、津亏、肠燥、便秘
26	花椒	不饱和有机酸	温中止痛，杀虫止痒。用于脘腹冷痛、呕吐泄泻、虫积腹痛、蛔虫症，外治湿疹瘙痒
27	瓜蒌	果实含氨基酸、糖类、有机酸，种子含油酸、亚油酸及甾醇类化合物	清热涤痰，宽胸散结，润肠。用于肺热咳嗽，痰浊黄稠，胸痹心痛，乳痈、肺痈、肠痈肿痛
28	代代花 枳壳	柠檬烯、癸醛、壬醛、十二烷酸	行气宽中，消食，化痰。用于胸腹闷胀痛、食积不化、痰饮、脱肛
29	木瓜—— 冥楂	含苹果酸、果胶酸、酒石酸	舒筋活络，和胃化湿。主治风湿痹痛、菌痢、吐泻
30	猕猴桃	有机酸	解热，止渴，通淋。用于烦热、消渴、黄疸、石淋、痔疮
31	预知子	含油酸甘油酯、亚麻酸甘油酯等	疏肝理气，活血止痛，利尿，杀虫。用于脘胁胀痛、经闭痛经、小便不利、蛇虫咬伤
32	西瓜皮	果汁含瓜氨酸、苹果酸、果糖、葡萄糖、蔗糖等	清暑解热，止渴，利小便。用于暑热烦渴、小便短少、水肿、口舌生疮
33	无花果	含枸橼酸、延胡索酸、琥珀酸、丙二酸、脯氨酸、草酸、苹果酸、莽草酸、奎尼酸等	健脾，止泻。用于食欲减退、腹泻、乳汁不足
34	红花	棕榈酸、肉脂酸、月桂酸	活血通经、散瘀止痛。用于经闭、痛经、恶露不行、症瘕痞块、跌打损伤
35	皂角刺	棕榈酸、硬脂酸、油酸等	消肿托毒，排脓，杀虫。用于痈疽初起或脓化不溃，外治疥癣麻风
36	灵芝	主含氨基酸、多肽、蛋白质、硬脂酸、苯甲酸等	滋补强壮。用于健脑、消炎、利尿、益肾
37	油茶油	脂肪油，主要为油酸、硬脂酸等的甘油酯	清热化湿，杀虫解毒。用于痧气腹痛、急性蛔虫阻塞性肠梗阻、疥癣、烫火伤，又为注射用茶油原料及软膏基质
38	马勃	含亮氨酸、酪氨酸等氨基酸	清肺利咽，止血。用于风热肺咽痛、咳嗽、音哑，外治鼻衄、创伤出血
39	昆布	含甘露醇、谷氨酸、天冬氨酸、脯氨酸、钾等	软坚散结，消痰，利水。用于瘿瘤、瘰疬、睾丸肿痛、痰饮水肿
40	海金沙	棕榈酸、油酸、亚油酸	清利湿热，通淋止痛。用于热淋、砂淋、血淋、膏淋、尿道涩痛
41	含羞草	酚类、氨基酸、有机酸	安神镇静，散瘀止痛，止血收敛。用于神经衰弱、跌打损伤、咯血、带状疱疹

序号	中药名	与白酒的共同组分	功效
42	广金钱草	酚类、氨基酸	清热除湿，利尿通淋。用于热淋、砂淋、小便涩痛、水肿尿少、黄疸、尿赤、尿路结石
43	杜板归	阿魏酸、香草酸	利水消肿，清热解毒，止咳。用于肾炎水肿、百日咳、泻痢、湿疹、疖肿、毒蛇咬伤
44	江南卷柏	含醛类成分，另有酚性、酸性及中性物质	清热利尿，活血消肿。用于急性传染性肝炎、胸胁腰部挫伤、全身浮肿、血小板减少
45	西番莲	软脂酸、油酸、亚油酸、亚麻酸、肉豆蔻酸、谷甾醇等	除风清热，止咳化痰。用于风热头昏、鼻塞流涕
46	鱼腥草	辛酸、癸酸	清热解毒，清痈排脓，利尿通淋。用于肺痈吐脓、痰热喘咳、热痢、热淋、痈肿疮毒
47	菥蓂	脂肪油，脂肪油中含芥子酸、油酸、亚油酸、二十烯酸等	清肝明目，和中，解毒。用于目赤肿痛、消化不良、脘腹胀痛、肝炎、阑尾炎、疮疖痈肿
48	罗布麻叶	谷氨酸、丙氨酸、缬氨酸、氯化钾等	平肝安神，清热利水。用于肝阳眩晕、心悸失眠、浮肿尿少
49	蓖麻子	含脂肪油（蓖麻油），油中含亚油酸、油酸等	消肿拔毒，泻下通滞。用于痈疽肿毒、喉痹、瘰疬、大便燥结
50	莱菔子	含 α-、β-己烯醛，β-、γ-己烯醇，亚油酸、亚麻酸	消食除胀，降气化痰。用于饮食停滞、脘腹胀痛、大便秘结、积滞泻痢、痰壅喘咳
51	黑芝麻	含脂肪油，主要为油酸、亚油酸、棕榈酸、硬脂酸、花生酸等甘油酯	补肝肾，益精血，润肠燥。用于头晕眼花、耳鸣耳聋、须发早白、病后脱发、肠燥便秘
52	核桃仁	含脂肪油，主成分为亚油酸、油酸、亚麻酸的甘油酯	温补肺肾，定喘润肠。用于肾虚腰痛、脚软、虚寒喘咳、大便燥结
53	榧子	含脂肪油，主要为亚油酸、硬脂酸、油酸等	杀虫消积，润燥通便。用于钩虫、蛔虫、绦虫病，虫积腹痛，小儿疳积，大便秘结
54	淡豆豉	含脂肪、烟酸、天冬酰胺、甘氨酸、苯丙氨酸、亮氨酸、异亮氨酸等	解表，除烦，宣发郁热。用于感冒、寒热头痛、烦躁胸闷、虚烦不眠
55	郁李仁——长梗郁李	脂肪油、挥发性有机酸	润燥滑肠，下气，利水。用于津枯肠燥、食积气滞、腹胀便秘、水肿、脚气、小便不利
56	薏苡仁	含肉豆蔻酸、棕榈酸、十八烯酸、豆甾醇及氨基酸	健脾渗湿，除痹止泻。用于水肿、脚气、小便不利、湿痹拘挛、脾虚泄泻
57	亚麻子	含脂肪油，主要为亚麻酸、亚油酸、油酸及棕榈酸、硬脂酸等甘油酯	润燥，祛风。用于皮肤瘙痒、麻风、眩晕、便秘

因此，借鉴中药研究方法，按照整体药效学研究原理，将白酒分为“有效成分”（健康活性成分）、“辅助成分”（乙醇）和“无效成分”（其他没有明显功效的微量成分）三大类。其中，有效成分具有不同生理功效，辅助成分乙醇虽然没有明显的功效，但可促进人体对有效成分的吸收和成分之间的转化，是有效成分的载体；无效成分没有明显的功效作用，但是白酒的呈香呈味物质，也可作为有效成分的基质。但是有效和无效不是绝对的，这三大成分进入人体后如中药的“复方配伍”，产生综合协同作用，共同发挥有效成分的生理功效，激发人体各脏腑的潜在生理功能，提高人体免疫力，促进酒精加速分解，减轻肝脏负担，并加快肝脏蛋白的同化，增加肝糖原，减少甚至消除乙醇对人体的损害，形成对“心、肝、肾”的有效保护。这为“酒精伤肝”和“中国白酒不伤肝”两种长期存在又相互矛盾的看法的辩证统一找到了合理的解释，为“适量饮酒，有益健康”提供了科学依据。

长期过量饮酒有哪些危害

在人们的日常生活中，饮酒成为许多人必不可少的一部分：一是出于个人喜好，二是人们需要酒类作为社交活动的媒介。其中有很多人因过量饮酒而导致很多的健康问题。白酒中含有大量的乙醇。乙醇是一种亲神经性物质，而且易变成自由基。正常生理状态下，体内清除自由基的氧化还原系统维持体内自由基的平衡。但当过量乙醇进入体内并超过肝脏的氧化代谢能力时，一方面增加的自由基导致肝脏脂质过氧化，另一方面由于乙醇脂溶性大易透过血-脑屏障入脑，使大脑先处于兴奋状态，渐转入抑制状态，继之皮质下中枢、小脑、延髓血管运动中枢和呼吸中枢相继受抑制。

饮酒对人体健康来说是一把双刃剑。有研究显示，小剂量（5~20克纯酒精/每天）的饮酒量能降低心血管系统疾病的患病率或死亡率。长期或大量饮酒会引起多个器官和组织的病变，如肝脏、心脏、胰腺、肺。而一次性饮酒过量（酗酒）也会对人体健康带来不可估量的损害。例如，会引起急性酒精中毒，还会造成心脑血管、呼吸系统、神经系统、消化系统等不同程度的损害。长期酗酒，会引起慢性酒精中毒，还会影响生育功能，甚至致癌。流行病学研究显示，在国外，酒精性心肌病（alcoholic cardiomyopathy，ACM）病例数约占心肌病总病例数的3.8%。据有关统计，我国酒精消费者人群中过量饮酒的比例为49.1%。酒精引起的心肌损害及酒精性心肌病的发病率也日益增加。总的来说，每天饮酒80克以上，连续10年以上，有20%~36%的人可发生酒精性心肌病。那么，长期过量饮酒会导致哪些疾病呢？

死亡：酒精会抑制大脑的呼吸中枢，造成呼吸停止。另外，酒精会抑制肝糖原的分解，导致血糖下降也可能有致命的影响。

吸收不良症候群：引起各种维生素缺乏，间接导致多种神经系统的损伤。

肝脏伤害：脂肪堆积在肝脏引起脂肪肝。

胃溃疡：可引起胃出血而危及生命。

神经系统伤害：譬如周边神经病变。

大脑皮质萎缩：有报告显示，部分慢性酒瘾者的大脑皮质有萎缩现象，也有部分病人有智力衰退的迹象。

孕妇如果过量饮酒的话，可能造成酒精性胎儿症候群，即酒精在胎儿体内代谢和排泄速率较慢，对发育中的胎儿造成伤害。

酒对心血管系统到底是有利还是有害，众说纷纭。一些嗜酒者以酒能通行血脉为由而越喝越多，瘾也越来越大。殊不知长期如此会对心血管系统造成极大的伤害。一般来说，少量饮用低度酒，对心血管疾病的预防有利；而烈性酒及大量饮酒，对健康则有百害而无一利。

健康人体在过量饮酒后心脏收缩功能可降低，这种变化是可逆的。此外，饮酒能使心率加快，外周血管扩张，对某些心血管疾病患者不利。

某些健康人在一次大量饮酒后可出现室上性或室性心律失常，由于多发生在节假日大量饮酒后，故将这种综合征称为“假日心脏病”，系由酒精作用和交感神经兴奋所引起，停止饮酒后可逐渐恢复正常。

长期大量饮酒还可能导致心功能衰竭，表现为心室扩大和左心室收缩功能低下，病变的出现和消退均与饮酒有关。当终止饮酒后其心衰能得以改善或至少不进一步恶化，而再次饮酒后心衰又复发，此种情况若反复多次发生，将会造成心肌的不可逆损害，以致终止饮酒后仍有进行性心功能恶化，引起“酒精性心肌病”。

此外，酒精中毒者心房纤颤的发生率也很高，这种因中毒所致的房颤若能早期戒酒则能使病变逆转或稳定。酒是一种纯热能食物，长期大量饮酒可增加体重，影响体内糖代谢过程而使甘油三酯生成增加，而肥胖和高脂血症均是冠心病患病的危险因素。因此，长期大量饮酒可使冠心病的患病率增加，大量饮酒者的冠心病死亡率亦增加。

不难看出，少量饮用低度酒对预防心血管疾病有积极意义，长期大量饮用烈性酒则对健康危害极大。鉴于饮酒对消化、中枢神经、生殖等诸多系统的危害以及可能由饮酒带来的一系列交通、社会等问题，因此有关专家建议不把适度饮酒推荐为预防心血管疾病的措施之一，但有些特殊情况除外。

劝君莫贪杯中物。已有饮酒习惯的中年人应限制及减少饮酒量，节假日或亲朋相会时以饮低度酒为宜；已有心血管疾病的患者一定要戒酒，儿童及青少年更是不宜饮酒。

酒依赖综合征

酒依赖综合征（alcoholic dependence syndrome）最先由维克多（Victor）和亚当斯（Adams）于1953年描述的，是完全或部分停止饮酒后出现的一组症状，如震颤一过性幻觉、痫性发作和谵妄等。世界卫生组织建议，采用酒依赖综合征的名称描述嗜酒成癖者的特征性表现和停饮导致的症状。酒依赖患者的饮酒史多在10年以上，女性的发展过程较男性快；青少年机体未发育成熟，出现酒依赖的进程更短，最快者连续饮酒2年即可形成。

酒依赖者对酒的体验多表现为饮酒初期心情愉快，酒后喜欢交往，缓和紧张情绪，逐渐形成每天饮一定量酒的习惯，以保持一定的体力，既适应社会正常活动的需要，也满足个人的饮酒愿望。这种保持饮酒量长期均衡的饮酒称为习惯性饮酒或稳定嗜酒癖，但这种状态往往不被视为酒依赖。

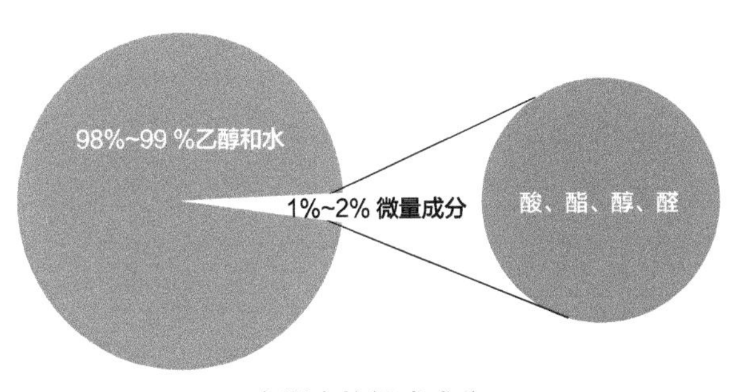

白酒中的组成成分

慢性酒中毒（chronic alcoholism）是长期（数年至数十年，通常10年以上）酗酒出现的多种躯体和精神障碍甚至不可逆性病理损害，如酒中毒性心肌炎、肝功能损害或肝硬化、多发性周围神经炎、中枢神经系统变性或脑萎缩等。

生物化学因素

乙醇脱氢酶和乙醛脱氢酶是酒精在体内代谢的主要催化剂。乙醛脱氢酶的活性是影响饮酒的重要生物学因素。嗜酒者血小板单胺氧化酶活性降低，据推测是酒精滥用的结果之一；多巴胺β-羟化酶活性降低，发生酒中毒的风险增加；酒精可使γ-氨基丁酸活性降低，使中枢神经系统（CNS）对酒精的耐受增加，可能与酒中毒和发生戒断症状有关。

心理因素

心理机制支配饮酒行为。饮酒行为自省假说认为，饮酒者的饮酒行为与成功或失败的自我评价有关。成功时，常作出正性自我评价，乐意进行自省饮酒较少；失败时，力图避免作负性自省，饮酒可中断负性自省，饮酒增加。人格特征对酒依赖有重要影响。酒依赖者年幼时就有乖僻的表现，如活动过多、不合群、逃学、具有攻击性等；成年后表现为反社会人格或不成熟人格，应付困难和自控力较差。

发病机制

与一般的麻醉剂相似，酒精直接作用于神经细胞膜这类物质，像巴比妥类一样是脂溶性的，通过溶解细胞膜与细胞膜的脂蛋白相互作用而产生效应。酒精是CNS的抑制剂而不是兴奋剂，一些酒精中毒的早期症状表现为大脑兴奋，如喋喋不休、攻击性、过分活跃和大脑皮质电兴奋增加等，这是因为正常情况下调节大脑皮质活动的皮质下某些结构（可能上部脑干的网状结构）被抑制的结果。同样早期腱反射活跃可能反映高级抑制中枢对脊髓的运动神经元的短暂性失控。然而，随酒精量的增大，抑制作用扩展至大脑、脑干和脊髓神经细胞。

有关酒精导致神经系统继发性损伤的机制尚未完全阐明，现认为可能与下列因素有关：

（1）影响维生素B_1代谢

酒精影响和抑制维生素B_1的吸收及在肝脏内的储存，导致患者体内维生素B_1水平明显低于正常人。一般情况下，神经组织的主要能量来源于糖代谢。当维生素B_1缺乏时，焦磷酸硫胺素减少，造成糖代谢的障碍，从而引起神经组织的供能减少，进而导致神经组织功能和结构上的异常。此外，维生素B_1缺乏，还造成磷酸戊糖代谢途径障碍，影响磷脂类的合成，使周围和中枢神经组织出现脱髓鞘和轴索变性样改变。

（2）具有脂溶性

酒精可迅速通过血-脑脊液屏障和神经细胞膜，并可作用于膜上的某些酶类和受体而影响细胞的功能。

（3）其他

酒精代谢过程中生成的自由基和其他代谢产物也能够造成神经系统的损害。

如何科学、健康、合理地饮酒

饮酒有很多的讲究和学问，如果掌握了饮酒的诀窍，学会正确、科学地饮酒，不仅不会伤害身体，而且还有利于健康。下面就饮酒的最佳时间、最佳种类、最佳饮量、最佳佐菜阐述最佳饮酒方式。

饮酒的最佳时间

一天中的早晨和上午不宜饮酒，尤其是早晨最不宜饮酒。因为在上午这段时间，胃分泌的分解酒精的酶——酒精脱氢酶浓度最低，在饮用同等量的酒精时，更多地被人体吸收，导致血液中的酒精浓度较高，对人的肝脏、脑等器官造成较大伤害。每天的下午2时以后饮酒对人体比较安全，尤其是在下午3~5时最为适宜。此时不仅人的感觉敏锐，而且由于人在午餐时进食了大量的食物，使血液中所含的糖分增加，人对酒精的耐受力也较强。所以此时饮酒对人体的危害较小。另外，人在空腹、睡觉前或在感冒时饮酒，对人体也有很大的危害，尤其是白酒对人体的危害较大。

饮酒的最佳种类

目前市面上销售的白酒品种繁多，让人眼花缭乱，我们要尽量选纯粮酿造的固态白酒来饮用，而且度数不宜过高（不要超过52°）。当然，能够饮用存放时间较长的酒更好，因为储存时间越久的酒，其杂质越少，也就是对人体有害的物质越少。另外，饮用红葡萄酒也对人体健康有利。

饮酒的最佳饮量

人体肝脏每天能代谢的酒精约为每千克体重1克。一个60千克体重的人，每天允许摄入的酒精量应限制在60克以下。低于60千克体重者，应相应减少，最好掌握在45克左右。换算成各种成品酒应为：60度白酒50克、啤酒1千克、威士忌250毫升。红葡萄酒虽有益健康，但也不可饮用过量，以每天2至3小杯为佳，以达到一种最佳的状态。

饮酒的最佳佐菜

酒对身体的危害大小，与血液中酒精的浓度有极大的关系。空腹饮酒往往会导致血液中酒精浓度急剧升高，对人体的危害较大。而在饮酒时选择理想的佐菜，不仅能满足饮酒者的口福，同时也可以减少酒精对人体的危害。从酒精的代谢规律看，最佳佐菜当推高蛋白和含维生素多的食物。因为酒精经肝脏分解时需要多种酶与维生素参与，酒的度数越高酒精含量越大，所消耗的酶与维生素也就越多，故应及时补充。其中，富含蛋氨酸与胆碱的食品尤为有益，所以在饮酒时应多吃一些新鲜蔬菜、鲜鱼、瘦肉、豆类、蛋类等。注意，切忌用咸鱼、熏肠、腊肉等食品作为下酒的佐菜，因为熏腊类的食品中含有大量色素与亚硝胺，它们在人体内与酒精发生反应，不仅伤害肝脏，而且会损害口腔与食道黏膜，甚至诱发癌症。

在选择佐菜时，要注意规避那些不那么合适的搭配，尽量保证高质量的健康饮酒。那么，哪些菜是不适宜搭配白酒的呢？

西红柿和白酒：造成胸闷气短。西红柿中含有鞣酸，与白酒同时食用会在胃中形成不易消化的物质，造成肠道梗阻。

胡萝卜和白酒：同食会使肝脏中毒，因为胡萝卜中含有丰富的胡萝卜素，和白酒同时食用会产生肝毒素，对肝脏健康不利。

核桃和白酒：导致血热，轻者燥咳，严重时会出鼻血。因为两者均属热性食物，同时食用易导致上火。

柿子和白酒：易患结石，因为白酒刺激胃肠道蠕动，并与柿子中的鞣酸反应生成柿石，导致肠道梗阻。

海鲜和白酒：海鲜中含有大量的嘌呤醇，可诱发急性痛风，而酒精有活血的作用，会使患痛风的概率加大。

啤酒和白酒：啤酒中含有大量的二氧化碳，

容易挥发，如果与白酒同饮，就会带动酒精渗透。有些朋友常常是先喝了啤酒再喝白酒，或是先喝白酒再喝啤酒，这样做实属不当。想减少酒精在体内的驻留，最好是多饮一些水，以助排尿。

咖啡和酒：酒中含有的酒精，具有兴奋作用，而咖啡所含的咖啡因，同样具有较强的兴奋作用。两者同饮，对人产生的刺激甚大。如果是在心情紧张或是心情烦躁时饮用，会加重紧张和烦躁情绪；若是患有神经性头痛的人如此饮用，很可能会引发病痛；如果是心脏有问题，或是有阵发性心动过速的人，将咖啡与酒同饮，其后果更为不妙，很可能诱发心脏病。一旦将二者同时饮用，应饮用大量清水或是在水中加入少许葡萄糖和食盐喝下，这样可以缓解不适症状。

适量饮酒有益健康

喝酒讲方式。中国人爱喝酒，无酒不成宴。

好酒更需大师调。我自己有3两的量，但是很多即便是纯粮酿造的酒，2两我就醉了。我们通过不间断地研究发现：即使纯粮酿造，如果酒的微量香味成分不协调，就会使人醉得更快。

江南大学副校长、中国酒业协会副理事长徐岩

卖酒讲良心。民间有很多现烤现卖的白酒，一个小甑子可以烤出上千斤酒，而且随时可以现场接酒。其实那都是你不懂，即使现在出酒率最高的小曲清香型白酒，其出酒率也才50%左右，即2斤高粱能酿1斤白酒（在不论品质的情况下），还不计人工、运输以及税收等。所以卖酒讲良心，品质高的酒价格肯定不会太便宜！

近年来，关于白酒与健康方面的科学研究也很多。江南大学徐岩教授在2013年发表的一篇研究报告得到广大消费者的关注。在这项科学研究中，徐岩教授主要以董酒和茅台为研究对象，得出了白酒有益健康的科学结论。伴随我国经济平稳持续发展、消费者文化素养提高，文明消费越来越融入生活之中。现代文明消费追求的第一要义就是安全健康。因而白酒健康观越来越为行业、企业和科研单位所重视。

提到喝酒，现代很多人都会认为，白酒太辣，喝了对身体不好；红酒带甜头，酒度低，喝了身体才更健康。真是这样吗？事实上，相比

红酒，白酒中含有更多对人体健康有益的微量成分。

在徐岩教授发表的《科学认识中国白酒中的生物活性成分》的研究报告中，得出这样一个结论：中国传统纯粮固态发酵白酒中，含有抗癌症、抗病毒和抗炎症等功效的萜烯类化合物，以及白酒特征风味成分和生物活性物质的吡嗪类化合物。这是国内科研界首次确认白酒中含有对人体健康有益的微量成分，震惊了国内外酒界。

白酒中的这些健康物质从何而来？这主要归功于中国传统白酒的酿造工艺，即采用多菌系固态发酵制曲、多种微生物固态发酵酿造和固态蒸馏工艺。而葡萄酒为酿造酒，更多的风味物质来自葡萄原料和后期的橡木桶陈酿。白酒中含有1000多种微量成分，但这些成分只占其微量成分总量的2%~3%。这是由于生产方式的差异造成的。中国白酒采用的是多菌种、边糖化边发酵的工艺，西方的酒却是前糖化后发酵。白酒是固态化的，其中的有机酸类、不饱和脂肪酸类、杂环类化合物和萜烯类化合物含量非常丰富。

白酒虽然营养丰富，但也不可贪杯，应提倡适量饮酒。大量的医学研究表明，一般而言，男性每天可摄入25克纯酒精，即一两左右50度白酒或二两低度白酒，女性可摄入15克纯酒精，黄酒、红酒等酒类根据酒精度数可以此类推。由于每个人身体所分解的酒精酶不同，最好还是根据自身情况适度饮酒。当前，关于白酒对健康的影响有以下观点：

（1）白酒中主要成分之一是酒精，从现代医学讲，酒精伤肝是肯定的。

（2）我国著名心血管专家洪昭光教授在《健康新观念》一书中指出，现代流行病学研究表明，“每日饮少量酒就能有效地降低高血压及冠心病的患病率和死亡率。适量饮酒能缓解紧张、改善情绪和睡眠，有助于人际交往”。

（3）少量酒的标准，国外是每日30克纯酒精，我国是25克纯酒精。换算成葡萄酒、黄酒约250毫升，53度白酒约50毫升，啤酒约750毫升。少量饮酒有利于健康，过量饮酒则有害于人体健康。

（4）权威咨询机构零点研究咨询集团2012年在《中国白酒消费趋势白皮书》中提到，不经常喝白酒的人，最主要原因是担心其酒精度高（约占44.9%），高收入人群中认为酒精度高容易伤肝的人占49.6%，也就是说，近一半的高收入者认为白酒酒精度高不利于健康。

白酒行业内人士认为，文明、适量饮酒，有益健康。理由如下：

（1）白酒不等同于酒精。白酒中含有微量复杂香味成分，总量达1%~2%，这些微量复杂成分对健康来说，有益有害的都有，目前尚做不到定量定性分析。

（2）白酒中含有利于健康的功能因子。目前已弄清楚的有30余种，含量高的达千分之几，低的只有百万分之几（PPM级）和十亿分之几（PPB级），与35%~53%的酒精含量相比，其量甚微。近年来有新研究发现，白酒在蒸馏过程中美拉德反应产生的物质——四甲基吡嗪含量高，而这种物质正是中药中用来清除人体血管中垃圾、有利于增强活力和免疫功能的川芎嗪。这为白酒健康功效的研究提供了重要依据。

而传统的白酒健康观如下：

（1）中医药讲“酒为百药之长”，饮必适量。中医药经典著作《本草备要》中指出：“少饮则活血运气，壮神御寒，遣兴消愁，辟邪逐秽，暖水藏，行药势。”

（2）上海市健康促进委员会办公室所编的《中医养生保健知识读本》《健康自我管理知识手册》等书中提出养生四项基本原则：天人相应的整体观，内因为主的预防观，形神并重的养生观，养生最重要的是养神。人生三宝——精、气、神。养精是养生的基础；养气是养生的关键，气顺即可延年益寿；养神就是养心。养生的目的，就是要达到精满、气足、神旺。也就是说，中医养生注重的是精气神，而适量饮酒有利于提神养气。

（3）中医养生学是我国传统文化的瑰宝，是方兴未艾的健康文化。白酒传统文化是情感文化。白酒是情感交流的载体，中华文化的符号，它可以寄托感情，升华感情，交流感情，传递感情，激发感情。中医养生，就是要培养好心情。什么是好心情？好心情就是友情、亲情和爱情。友情使人宽容，亲情使人温馨，爱情使人幸福。诗人艾青在《酒》诗中写道："喝吧，为了胜利！喝吧，为了友谊！喝吧，为了爱情！"适量饮酒，有利于培养好心情，有利于身心健康。

（4）世界卫生组织指出，健康不仅是没有疾病，还包括身体健康、心理健康和社会适应良好。事实证明，保持健康心理，有利于预防和控制疾病，有利于帮助个体与社会、自然环境之间建立良好的和谐关系。适量饮酒，有利于通经、活血、化瘀和肝脏阳气的升发，促进心理健康，加深友谊，提升人际交往的适应能力。

作为技术研究人员，今后有必要从以下几个方面进行白酒的研究：

（1）用中医养生学理论诠释白酒健康观，用中医药理论研究白酒健康观。

（2）白酒进一步低度化。从55度以上白酒降到目前35~40度用了20多年时间，再进一步低度化，时间上可能更漫长。

（3）进一步降低白酒有害成分，如甲醇、乙醛、氰化物、氨基甲酸乙酯等，制订企业内控标准，以提高白酒安全指标水准。

（4）园区生态环境，就是酿造环境中水、空气、土壤没有污染，甚至原生态。原材料是有机的或绿色食材。生产过程是多样纯种微生物人工培养按比例混合发酵，操作是机械化、自动化、信息化、智能化，工艺参数可控性强，可提高有益微量成分。这里需要强调的是：不在于多，而在于有益、明白、清楚。正如徐岩教授指出的：传统发酵赋予白酒丰富的微量成分，可能与国际食品安全法律法规不相符。饮酒文化宣传要科学化、规范化、人性化。白酒的健康文化贯穿生产的全过程。

通过国内外的一些著名医学研究表明，适量饮酒对人体健康至少有以下几个方面的好处：

（1）适量饮酒可以减轻心脏负担，预防心血管疾病。调查发现，适量饮酒可增加高密度脂蛋白，减少冠心病发生，预防心肌梗死和脑血栓。据科学研究发现，喝酒的人血液中出现大量尿激酶及其前驱体蛋白质，不喝酒的人血液中只有极少数的尿激酶。而造成心肌梗死和脑血栓的原因是，人体中可以溶解血栓的尿激酶等纤溶酶减少，故适量饮酒可预防心肌梗死和脑血栓。同时，妇女适量饮酒可大大降低患心脏病和中风病的概率。研究发现，每天适量饮酒的中年妇女，心脏病和中风的发病率比那些滴酒不沾的妇女低40%。

（2）适量饮酒可加速血液循环，调节、改善体内生化代谢。古代医学已证明，酒有通经活络的作用，能促进血液循环，对神经传导产生良好的刺激作用。

（3）适量饮酒延年益寿。近年来，许多国家的研究显示，一般来说，适量饮酒者比滴酒不沾者健康长寿。适量饮酒可使胃液分泌增加，有益消化；可以扩张血管，使血压下降，降低冠心病发生率。经常适量饮酒的人血液中α-酶蛋白含量高，而α-酶蛋白高的人寿命比一般人长。

（4）适量饮酒能降低胆固醇。名优白酒中，发现含有洛伐他汀，其含量为35~50微克/升（μg/L）。洛伐他汀是常用的心血管类药物。白酒中的洛伐他汀是红曲菌的代谢产物。洛伐他汀能显著抑制体内胆固醇的合成。另外，细胞表面的特异性低密度脂蛋白（LDL）受体合成率与细胞内胆固醇含量呈负相关。洛伐他汀能降低细胞内胆固醇含量，因而代偿性地使细胞膜内LDL受体的数量增加，活性增强，从而降低LDL和TG（甘油三酯）的水平，表现出显著降低血清总胆固醇（TC）和降低血脂的作用。

（5）预防糖尿病。医学家希望人们记住，适量饮用的酒精饮料可以像其他食物那样给人体带来一定的健康效应。最新的研究发现，对女性来说，酒精可以激发人体产生胰岛素，从而预防因血糖突然升高而导致的二型糖尿病。不过，还需要进一步研究才能确定到底多少量的酒精才能产生这样的效果。

（6）激发大脑智能。研究人员相信，适量饮酒或许可以扩张大脑的血管，提高血流量，抗击与痴呆症相关的有毒蛋白质。另外，酒精可以让脑细胞产生可控性压力，从而帮助它们更好地处理可能导致痴呆症的强大压力。

（7）对消化系统有一定的良好功用。酒精能反射地刺激胃液分泌与唾液分泌，还能精神地刺激胃液分泌，因而起到健胃作用。

（8）催眠作用。失眠者在睡眠前饮用少量白酒，可以起到催眠作用。

一般来说，每日最适宜的饮酒量因人而异，不同的人身材大小有差异，对酒精的耐受程度也各不相同，而且酒的种类、度数，甚至是饮酒过程当中的佐菜和饮酒速度都会对此产生影响。因此很难找到一种适宜所有人的饮酒量化标准。中国营养学会建议，成年人适量饮酒的限量值是成年男性一天饮用酒精量不超过25克，相当于高度白酒50毫升；成年女性的饮酒量不超过15克，相当于高度白酒30毫升。

以下人群不适宜饮酒：

（1）患有感冒者不宜饮酒。因为感冒病人，尤其是严重者，多半有不同程度的体温偏高、升高等症状。医生必然要开退烧药服用，一般多是扑热息痛。如果饮用了白酒、烈性酒，两者产生的代谢物对肝将产生严重损害。

（2）吸烟或者饮酒之后打鼾的人不宜饮酒。因为这类人群的血液中含氧量太低，尤其是60岁以上嗜烟酒又打鼾的人，风险较大。

（3）急性肝炎、脂肪肝、肝硬化、肝病伴有糖尿病的人，是绝对禁止喝酒的。

白酒配餐有哪些讲究

中国白酒佐菜的目的在于让用餐时的口感味道更和谐，让酒、菜互相陪衬，为彼此增色，互添美味。口味浓重的菜，相配的酒自然也要醇厚，才能与之相应；清淡的菜，必然要与清淡的酒相配，免得破坏细腻的味道。

中国的饮食文化博大精深，有著名的八大菜系，但相比精致的西餐配酒，不少人对于白酒配餐却显得困惑无比。中国白酒类型众多，传统的就有浓香型、酱香型，更有顺应消费趋势的新派白酒，比如号称创新的“绵柔型白酒”——绵柔金六福等，令人眼花缭乱。一桌菜甜咸苦辣，到底配什么类型的白酒合适呢?

美食＋浓香型白酒相得益彰：香味醇厚

川菜作为中国八大菜系之一，取材广泛，调味多变，菜式多样，口味清鲜醇浓并重，以善用麻辣著称，并以其别具一格的烹调方法和浓郁的地方风味享誉中外。代表菜式有：回锅肉、麻婆豆腐、粉蒸肉、夫妻肺片、毛血旺、烧鸡公等。

吃川菜最适宜喝浓香型白酒。浓香型白酒以浓香甘爽为特点，以高粱为主的多种原料发酵，采用混蒸续渣工艺，由老窖发酵而成，以“无色透明、窖香优雅、绵甜爽净、柔和协调、尾净香长、风格典型”名扬海内外。四川、江苏等地的酒厂所产的酒均是这种类型。

搭配示范：川菜最大的特色可以用“味辣口重”来形容，以最受欢迎的酸菜鱼为例。新鲜的草鱼配以四川泡菜煮制，肉质细嫩，汤酸香鲜美，辣而不腻，鱼片嫩黄爽滑。配上“窖香优雅，绵甜爽净”的浓香型白酒，在酸汤的衬托下，细细品味丰满醇厚的酒体，味道叠加口感并重，可谓相得益彰的绝佳享受。除川菜外，一些其他菜系也非常适合浓香型白酒。

除了传统八大菜系，近年来一些吸收各大菜系精华、融汇全国各地烹调技法的新派菜也成为消费者的席上主角。它们以注重营养均衡、多元化的口味、精雕细琢的上佳口感为主要特色，在视觉和味觉上都带给消费者全新的体验，因此引

来了火爆的人气。“粤菜湘做”就是其中的特色代表，即来到广东的湘菜入乡随俗，在吸收粤菜的特色后进行改良，创造出广东人喜爱的湘菜。代表菜有：野芹菜炒带皮牛肉、藠头炒小鱼仔、辣椒焖鱼等。

清炒河虾仁：现剥的虾仁，洁白鲜嫩，经清炒后，清香利口，醇正滋长。与此同时配上酒体厚重、点缀着优雅的窖香气的浓香型白酒，无论是虾的鲜嫩还是酒的陈香，都得到了很大的提升。在品饮时，建议稍微醒一下酒，酒稍微醒过之后，味道会更加柔和。浓香型白酒搭配肉质细弹的虾仁，简直是绝配。

美食＋酱香型白酒相互提携：余味悠长

同为中国八大菜系之一的湘菜可分为湘江流

域、洞庭湖区和湘西山区三个地方流派，特点是注重刀工、调味，尤以酸辣菜和腊制品著称，讲究原料入味，口味偏重辣酸。代表菜式有：剁椒鱼头、干锅鸡、红烧肉、豆豉辣椒炒肉、怀化鸭、鱼生汤、富贵火腿等。

湘菜的最佳拍档是酱香型白酒。酱香型白酒属大曲酒类，主要产自贵州，以高粱、小麦等为原料，经传统固态法发酵制成。其酱香突出，优雅细致，酒体醇厚，余味悠长，清澈透明，色泽微黄。

搭配示范：带有浓郁湘菜风味的干锅鸡，以新鲜嫩土鸡为主料，先精心卤制让调料汁全部渗入鸡肉，后大火煮熟，再以小火煨制。成菜色泽艳丽，肉质鲜美，口感香辣，与甘美回味、香味厚重的酱香型白酒搭配，在口中交织出馥郁的香气，在辣味的衬托下白酒口感更加柔顺，余味悠长。

松鼠鳜鱼：外松脆，内软嫩，卤汁酸甜适口，滋味鲜美，这是松鼠鳜鱼的典型特征。此款菜肴若是搭配上酱香型白酒，又是一大美食绝配。当酸甜可口的松鼠鳜鱼与酱香型白酒在唇齿间相遇时，酒与佳肴两相融合，松鼠鳜鱼外皮的香脆感及酒香更会愈发浓郁。

美食＋清香型白酒完美搭配：极致清柔

蒜泥白肉：蒜泥白肉是经典的四川菜。人们心目中完美的蒜泥白肉应煮得入口即化、肥而不腻、肥瘦均匀，虽不能片得薄如蝉翼，但也得片片通透。蒜泥白肉的画龙点睛之笔就是微甜的麻辣蒜泥酱裹着含蓄的蒜香和挑逗味蕾的麻辣，而绝不会有生大蒜霸道的辛辣。这是美食＋清香型白酒的完美搭配。

清香版水煮肉片：爽滑柔嫩、富含高蛋白的里脊肉一直是不少“肉食动物”的挚爱，它也成

就了不少经典菜式。不同于使用净爽的干辣椒、花椒、姜蒜与葱花一同爆香的传统川味水煮肉片，这道清香版的水煮肉片在适当改良后更加适合口味清淡、钟爱轻柔白酒的人群。若以一瓶清香型白酒搭配这款滋味上好的里脊肉，那么白酒优雅舒适的香气必将激发出鲜肉的爽嫩口感。在寒冷的冬日，在品味美酒的同时，享受一份麻辣的刺激，整个人都会舒展起来。

鸡丝拌黄瓜：人们常说“白酒配白肉”，香嫩的鸡丝、爽口的黄瓜搭配清香型白酒是再好不过的了。柔滑的鸡丝尚有蒸煮后的汁水，黄瓜就好似邻家妹妹一般的存在使这款菜肴满溢田园般的清甜，此时嘬一口白酒，让酒的轻柔醇香慢慢释放，为此道家常菜又不失风味的“青白相间”添上了一丝幽香。

新派菜自然要新派酒来搭配。随着消费者从香型偏好转为注重饮后舒适度，一些绵柔型的白酒也开始异军突起，以其“高而不烈、低而不寡，绵长而尾净、丰满而协调，香气优雅宜人，入口绵甜柔和、饮中畅快淋漓、饮后轻松舒适”的独特风格满足都市人们的不同需求，深受消费者欢迎。

第七章

学会品酒
——让饮酒更有乐趣

饮酒的精髓在于品酒，品是品味，细致地琢磨白酒的香气、口味和质地，能体会到白酒之间微小的差异。品酒需要一定的条件，如优雅的环境、专业的品酒器具与专业的方法品酒。用心去体会酒与酒之间的奥妙所在，这实在是一种美好的享受。如果你具有一定的品酒水平，再有一小拨和你有相同爱好的朋友，那可堪称是完美。即使是在餐桌上，亲朋好友相聚，你享受的不光是白酒，更享受的是喝酒的氛围。“品”是饮酒的最高境界，品酒看起来非常高端，其实只要你喜欢酒，那么就可以成一名出色的品酒人。每当饮酒之时，你可以对各种白酒品评一番，让饮酒更有乐趣。

品尝一款白酒，我们会发现酒体中主要有酸、甜、苦、咸四种基本味道。而舌头对各种味道的敏感区域是各不相同的，也就是说，各种呈味物质只有在舌头的一定位置上才能灵敏地显示出来。甜味的敏感区在舌尖，咸味的敏感区在舌尖到舌的两侧边缘，酸味的敏感区在舌的两边，对苦味最敏感的部位是舌根，而看似重要的舌头中部反而成为“无味区”。品酒时需注意感受这些味觉在口腔内的准确部位，如果你同多数人一样直接把酒咽下，就容易造成“饮酒却不知酒味”。因此，我们在品酒时一定要使酒液在口中停留数秒甚至更长时间，待细细品味了其中的味道之后再咽下，这样才能让你“饮而优则品”，快速提高自己的品酒水平。那么品酒需要哪些条件呢？

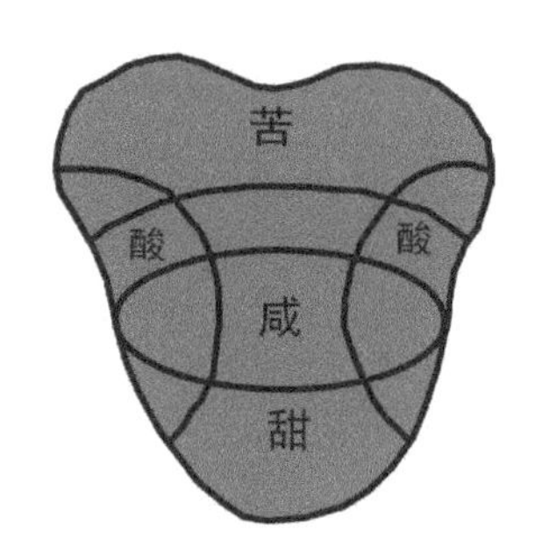

舌头对各种味道的敏感区域

品酒需要幽雅的环境，学习品酒更应当注意这点。所谓幽雅的环境，是指环境必须安静、舒适，让人心情舒畅，便于更好地发挥。品酒环境非常重要，对于专业人士来说，好的品酒环境能比较出酒的细微差别，从而判断这个酒的品质与市场前景。而对于消费者而言，好的品酒环境能提升品酒的愉悦性。

就专业品酒而言，好的品酒环境应具备以下几个要素：

充足的光线和空间

自然的阳光当然是最佳的光源，人造光源会影响饱和度与色调。特别是要避免荧旋光性的光源，这种光线会使得白色看起来好像是黄色，甚至带有类似紫色之颜色。充足的自然光线可强化白酒的外观，但比较正式的品酒场合，烛光只用于观察葡萄酒的真正纯净度，所以烛光大都用在酒窖，观察刚从酒桶里抽出之浅龄葡萄酒，或者在晚餐过酒时使用。间接日光（折射）颇为理想但比较不实际。以人造灯光来说，标准的灯泡比起荧光灯应是较佳的选择。坐定式品酒可在桌面提供白色的背景物，如白色的桌布、白纸巾、厨房用的白色卷纸。正式的品酒场合，可使用白塑料板，在每次品酒会结束后，可轻松、容易地将之擦拭干净。站立式品酒之场所，除了光源的要求外，还需考虑某些白色背景物，如白色的墙壁、白色的大板子，提供品酒所需背景。首先需要一个足够大的空间场地，能方便地自由活动、书写以及吐酒时不会影响到其他人的通路。假如可以找到这样一个场所，那就万事皆备。假如酒的种类太多，或者是所有的人挤在一个狭小的空间里，将使与会的人感到不舒服。若品酒室弥漫烟味及男性或女性香水味，虽然人的嗅觉可迅速地适应这些气味，但在某种程度上，是会干扰品酒的结果的。

没有异味

没有异味是指品酒的环境中没有除了白酒本身带来的气味之外的味道。有的人认为，白酒配香烟是非常好的搭配，很多男士在饮酒的时候都会吸烟。但是，在专业品酒师的眼里，这样品酒是非常糟糕的。当然，作为享受，未尝不可，但是，如果你在品一杯顶级的美酒，如果再吸烟的话，那就会错过许多丰富的滋味。因为强烈的烟草味和香水味会将白酒的美妙香味掩盖住，从而无法欣赏到酒的最佳滋味。在品酒的时候，女士最好不要使用比较浓郁的化妆品，味浓的香水、强香味的发胶及重味道的洗发水等，很容易影响对白酒香味的判断。在没有异味的环境中品酒，既是对酿酒者的尊重，也是对白酒本身的尊重。

清新的口腔

清新的口腔能保证在品酒的时候准确地捕捉白酒中的各种味道。千万不要吃甜食，吃甜食的结果是任何酒都没有什么味道。口腔异味太多，对于白酒而言，就会有太多干扰，从而影响我们对酒的判断力。我们在需要品酒的时候，一般提前几天就要开始注意自己的饮食，少吃或不吃辛辣油腻或是甜食，以清淡为主，保持口腔的清新和舌头的灵敏度。

用标准白酒品酒杯

标准品酒杯是将人体感官特点与白酒特点相结合而设计的。这种杯的优点是腹大口小，腹大能使酒液在杯中有最大的蒸发面积，口小能使蒸发的气味分子比较集中，有利于嗅觉。杯中留有较大的空间而口小，也便于评酒时转动观察，不易倾出。在相同的环境下，用标准白酒品酒杯对每一种酒都是公平的。因为杯的大小对白酒的品味也会有影响，用标准杯以确保我们能在一个统一的环境中观察每种白酒所表现出来的不同特点。更实惠的是，标准品酒杯的容量很小，大约45毫升，每次只需要15~20毫升就能满足品酒的要求，绝对不会造成浪费。

一小众爱酒人士

孟子说了一句流传千古的名句——“独乐乐不如众乐乐”，将品酒的乐趣与众人一起分享，那才是最大的乐趣。可以设想一下，不需要太多，三五个人，都有着共同的爱好，偶尔带上自家美酒，找一幽雅、舒适之处，细细小酌，慢慢品味，并交流心得，畅所欲言，甚至把酒言欢，吟诗作对。这无关功名利禄，无关人情世故，只因喜爱白酒而相聚在一起，此乃人生一大幸事。一个人品酒，你可能会觉得非常无趣，但一小众爱酒人士一起品酒、赏酒，自会有意想不到的乐趣。

内功的修炼

有的人天生某些方面的感觉就特别敏锐，还有极少数人所有的味觉和嗅觉都非常灵敏。这些优点，是老天赐予他们的礼物。但是，不同的人对同一种香气的敏感性的差异是很大的。我们可以这样认为，每一个人对每一种香气的印象都有固定的感觉最低临界值，要达到这一临界值，就必须经过长期的训练。

在现实条件下，人们对白酒有着各自的见解。有的人认为糟味重的酒是好酒，也有人认为度数高、刺激性大的酒是好酒，还有的人认为用火能点燃的酒是好酒，甚至有人认为能把人头喝晕的酒是好酒。这些例子在我们的生活中很常见，也许你会说，酒就是一种嗜好品，酒品质的优劣因人而异，不必计较这些。但是我们要相信，五粮液、茅台这些品牌白酒能发展到今天的地位绝不是机缘巧合，它们生产的酒可称作是中国白酒“顶尖产品”。所以，如果您是一位爱酒人士，喜欢品酒，那么就一定要注意积淀自己的品酒和评酒功力。

所谓品酒，是指能够了解酒体中的特点和微小的差异，而评酒是指把酒的特点完整地阐述出来，最好能带有一定的美感，那才是完美的评语。一款质量非常好的酒，比如五粮液，你也许只能说：“太棒了，喝着真舒服。”但你旁边的人也许会说：“酒体丰满柔顺，粮香突出，陈香幽雅，层次丰富，带有淡淡的水果香气，这是一款超乎想象并具有典型川酒风格的白酒！拥有完美的结构，完美的力度。”

白酒的品评是一种技巧。所谓技巧，就是经过刻苦的学习和训练而练就成熟的一种技能。俗话说：“熟能生巧。”到了巧的地步，就说明基本功已经升华，发生了质的变化。这些质的变化使品评上升到技术加技巧的高度。

白酒的品评艺术

酒的品评既是一门技术，也是一门艺术。说它是一门技术，是因为我国和世界各国一样，都要采用理化鉴定和感官鉴定两种方法来对各种酒进行品评；说它是一门艺术，是因为不同的酒，其色、香、味、体所形成的风格给人以不同的感觉和享受，使人“知味而饮”。

品酒的历史在我国源远流长，不少古代文人学士写下了许多品评鉴赏美酒佳酿的著作和诗篇。明代袁宏道说：凡酒以色清味洌为圣，色如金而醇苦为贤，色黑味酸者为愚。说明当时的评酒已经达到了很高的水平。

中华人民共和国成立以后，先后举行了五届全国评酒会议，这些会议对提高我国白酒的产品质量起到了重要的促进作用。

感官鉴定就是通过人的感官来对酒品质进行鉴定。酒是一种具有色、香、味的感官知觉品，仅靠仪器测定是不能全面地评价酒的优劣的，还是得靠人的感官进行鉴评。

比如，有的酒品在理化分析的数据方面组成成分十分接近，而在风味上却存在着明显的差别，这是因为一种酒品的独特风格的形成，不仅决定于各种成分数量的多少，还决定于它们之间的协调、平衡、衬托、缓冲、掩盖等关系，而感官品评则正是这种综合的复杂关系的反映。

相比中国白酒而言，葡萄酒的品评就显得更加成熟一些。其中，最著名的莫过于罗伯特·帕克创造的百分制评酒法，即把用语言难以形容的葡萄酒用量化的分数来评定，满分100分说明葡萄酒的质量是无可挑剔、完美至极的。帕克评分对葡萄酒的香气、结构和质量进行了全方面的评价。帕克本人也成为世界上最著名的葡萄酒独立评酒人，他主办的杂志不会受任何葡萄酒生产厂家的干扰，他对葡萄酒的评分非常客观，享有世界声誉。可以说，帕克评分对葡萄酒的发展起到了重要的推动作用。

反观中国白酒，它的品种更多，成分更加复杂，影响因素也更多，看起来对中国白酒进行评分的难度更大。中国白酒是否需要像罗伯特·帕克这样的品鉴家，去与社会、消费者做沟通，去弘扬白酒的文化？其实，消费者对帕克的热爱，在本质上是对葡萄酒的热爱。从这个意义上来讲，只有客观公正地去给白酒打分，向消费者讲述色、香、味、格的道理并能得到消费者的认可，才能使白酒行业真正繁荣昌盛起来。要对中国白酒客观、公正地进行评分，光是掌握优美的词语是不够的，必须先打好基本功，不断训练。

品酒五阶段

想要成为品酒专家不仅需要“铁杵磨成针”的练习，也需要与生俱来的对酒的感知力，即“七分靠练，三分靠天”。但这并不是说你成不了一名优秀的品酒师，因为对白酒的感知是一个循序渐进的过程。品酒如读书，一本好书，你要仔细阅读，认真体会才能领略书中的奥妙，汲取书中的精华。其实品酒也一样。有的人自认为技术高超，三两下就完成，其实这是不负责任的做法。品酒需要慢品、细品。

你认为好的酒就是最好的，但这必须以你对白酒有一定的认知水平为前提。因为人的感觉和喜好各不相同，我历来不会说哪个酒是最好的。即使评论，也基本不加入个人喜好，而是客观、公正地评判这款酒的本质风味，并以此确定这款酒的级别。

人们会因为对白酒接触的时间不同，对白酒在不同阶段的喜好也会改变。品酒通常分为以下五个阶段：

第一阶段

即刚接触白酒时。人们在刚接触白酒时，目的各不相同，有的是模仿，有的是为了应酬，有的是为了买醉。这时，人们的感官对白酒通常是没有任何经验的。此时，人们一般不喜欢酒度高的白酒和酸高而厚重的白酒。如果你喜欢甜口味，可能你会感觉白酒完全不适合你，它太辣了，直接从舌头辣到喉咙，然后再到肠胃里面，整个身体似乎燃烧起来了。你一定会说:“白酒这玩意儿，真的不好喝，我以后再也不会喝白酒了。”或者说：“不知道那些喜欢喝白酒的人是怎么想的，这么辣的酒都会喝，不是自讨苦吃吗？”其实，白酒就是这样神奇的东西，而你喝的次数越多就会觉得越有意思。

第二阶段

到这个阶段可能你已经喝过好几次白酒了，这时开始喜欢浓郁口味的白酒，比如酒体重的白酒、刚酿出来的新酒，闲聊的时候也会聊到白酒，如五粮液、茅台、剑南春等高大上的品牌。如果有钱，偶尔会购买这些名酒，以饮到为荣。当然，有机会的话，还会尝试其他不同香型和风格的白酒，比如衡水老白干、牛栏山二锅头或者是散装的高粱酒。没错，你已经慢慢地习惯了白酒。

第三阶段

这时的你，对白酒已经有一定的体会了，开始追求优秀风格体系的白酒。在地域上，你可能会偏爱四川和贵州的白酒，更加乐于饮用低度的白酒，好的口感已经成为你追求的主要目标，你会想着拥有一款属于自己的白酒。

第四阶段

喝到这一阶段，你开始喜欢收藏白酒，或者定制属于自己的白酒，这不是为了装满你的酒柜，而是真正为了自己享用而收藏；你的白酒圈子已经不仅仅是那些耳熟能详的品牌产品了，一些小地方酒种也会使你兴趣盎然，发现这里竟然也有性价比高的佳酿，而且你不知不觉地开始对具备地域风格特征的酒有兴趣了。

第五阶段

这基本是品酒的最高阶段了，很少有人能达到这个阶段，你已懂得在白酒的世界里打太极拳了。这个时候，你越来越追求性价比高的白酒，什么酒在什么时节喝，什么场合喝什么酒，和什么人喝什么酒，什么酒适合配什么样的中国菜，吃西餐怎么选酒等，这些你已了如指掌，俨然是一名真正的白酒爱好者和餐桌上的意见领袖，朋友们喝什么酒都会征求你的意见，为了更好地学习品酒，你或许会花钱去进行学习和培训，而这仅仅是因为爱好。

第八章

学会专业品酒

和国际对食品的检测一样，对中国蒸馏白酒独特风格和品质优劣的鉴定，通常是通过感官检验和理化分析的方法来实现的。但是对于白酒而言，感官评定占的比值尤重，所以白酒的感官品评就显得十分重要。

感官尝评检验也就是人们常说的品评、尝评和鉴评等，它是利用人的感觉器官——眼、鼻、口、舌来判断酒的色、香、味、格的方法。具体说，其一就是用眼观察白酒的外观，其色泽是否清澈透明，有无悬浮、沉淀物等，简称视觉检测；其二是用人的鼻嗅出白酒的香气，检验其是否具有该香型独有的香气，有无其他的异杂气味等，简称为嗅觉检验；其三是把酒含在人的口中，使舌头的味蕾充分发挥作用，检验其味道是否绵甜爽净，酒体是否丰满醇厚，回味是否悠长等，简称为味觉检验；其四是综合上述感官印象，确定其风味，简称为风格检验。按其感觉印象的综合评价统称为酒的感官品评。

所谓理化分析检测，就是使用各种仪器，对组成白酒的主要物理化学成分，如乙醇、总酸、总酯、总醛、高级醇、甲醇、重金属、氰化物和多种微量香味成分进行科学的测定，通称理化指标的测定。

中国白酒是独具特色的饮食品，它的色、香、味、格的形成不仅决定于各种理化成分的数量，而且决定于各种成分之间的协调平衡、相互之间的衬托等关系。而人们对白酒的感官评定，正是对中国蒸馏白酒的色、香、味、格的综合性反映，这种反映是很复杂的，目前的分析检测手段还不能代替人的感官指标的评定。经过训练的专职评酒人员不仅灵敏度高、快速，而且比较准确，因此它仍然是目前国际通用的一种鉴定酒质优劣的重要方法和手段。

品评的意义

白酒的尝评又叫品评或鉴评,是利用人的感觉器官（视觉、嗅觉和味觉）来鉴别白酒质量优劣的一门检测技术。它具有快速而又准确的特点。到目前为止，还没有被任何分析仪器所替代，是国内外用以鉴别酒类产品内在质量的重要手段。具有“快速”和“准确”两个特性。

1. 快速

白酒的品评不需要经过样品处理，而是直接观色、闻香和尝味。根据色、香、味的情况，确定白酒的风格。这个过程短则几分钟，长则十几分钟即可完成。只有具有灵敏度较高的感觉器官和掌握了品评技巧的人，才能很快判断出某一种白酒质量的好坏。

2. 准确

人的嗅觉和味觉的灵敏度较高，在空气中存在1/3000万的麝香，或是6.6×10^{-8}毫克/升的乙硫醇都能被人嗅出来。而精密仪器的分析通常需要经过样品处理，如果不加以浓缩富集或制备成衍生物，直接用仪器测定结果是相当困难的。因此，有的时候，人的嗅觉比气相色谱仪的灵敏度还高。

感官品评不是十全十美的，它因地区、民族、习惯以及个人爱好和心理等因素的影响而有一定的差异，同时难以用数字表达。因此，感官品评不能代替分析检测。而化验分析因受香味物质的浓度、温度、溶剂和复合香等的影响，只能准确测定含量，却难以表达呈香呈味的特点及其变化。所以，化验分析代替不了品评，只有将二者结合起来，才能发挥更大的作用。

尝评的作用

在白酒的生产和储存过程中，品尝的主要作用是鉴定白酒的质量。现代化白酒厂的产品，在出厂之前都要经过品尝专家组对其质量做出最后的鉴定，合格后方能进入流通市场进行销售。作为一种可食用的商品，白酒的质量首先取决于它能否给消费者以满足之感，特别是口感上的满足。虽然白酒可以给人以热能和营养，但它只能作为补充成分而存在。真正能对白酒进行综合鉴定的，只能是人的尝评。

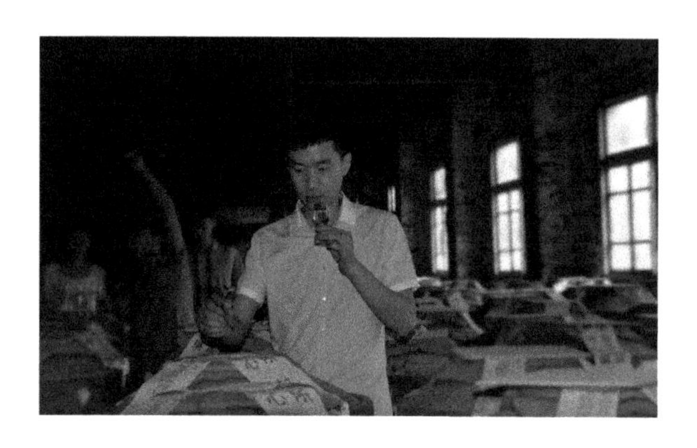

1. 尝评是确定质量等级和评选优质产品的重要依据

生产企业应对半成品进行快速检验，以加强中间控制，方便量质摘酒，分级入库、贮存，确保产品质量的稳定和不断提高。为此，建立一支品评技能较高的评酒技术队伍非常必要。

评酒会对推动白酒行业的发展和产品质量的提高起到了很大的作用，如历届评酒会评出的国家名酒、国家优质酒。各省市的优质白酒都是通过品评选拔出来的。

2. 通过尝评，可以了解酒质存在的缺点

根据品评发现生产中的问题，从而指导生产和新技术的开发、推广和应用。品评是生产的眼睛，通过品评，可以掌握酒在贮存过程中的物理和化学变化规律，为提高产品质量提供科学依据。

3. 尝评可以起到加速检验勾兑和调味的效果

勾兑和调味是白酒生产的重要环节，它是一门技术，也是一门艺术。它能巧妙地把基础酒和调味酒进行合理搭配，使酒的香味达到平衡、协调和稳定，从而提高产品质量，突出产品的典型风格。

品评、勾兑和调味要达到四性要求：

①典型性：白酒的典型性，又称为风格或酒体，是构成白酒质量的重要组成部分。不同香型的白酒具有不同的典型风格，同一香型的白酒也各具不同的风格特征。通过勾兑和调味，可以突出产品固有的典型风格。

②平衡性：白酒是由许多香味成分组成的集合体，其中某些香味成分起主要作用。通过勾兑和调味，可以使白酒中香味成分的种类、含量保持适宜的量比关系，使香气和口味以及香与味之间保持平衡。

③缓冲性：对白酒的香或味起协调作用的称为缓冲作用。如酸类物质和醛类物质是很好的协调剂，可以使酒质绵软，起到缓冲作用。

④缔合性：白酒在贮存过程中，由于水和酒精产生缔合作用，形成了缔合群，从而使水分子约束了酒精分子的活性，降低了酒精分子的刺激性，使酒体变得柔和，浑然一体。

4. 利用尝评可快速鉴别假冒伪劣产品

在流通领域里，假冒名优白酒的商品冲击市场的现象，屡见不鲜。这些假冒伪劣商品的出现，不仅使消费者在经济上蒙受损失，而且使生产企业的合法权益和产品声誉受到严重的侵犯和损害。实践证明，结合理化分析、利用感官品评是识别假冒伪劣酒的直观而又简便的方法。

尝评的生理学原理

1. 视觉

视觉是人的感觉之一，眼睛为视觉器官。在白酒品评中，我们利用视觉器官来判断白酒的色泽和外观状况。其中，包括透明度、有无悬浮物和沉淀物等。

在感官上，不能正确鉴别颜色的视觉称为色盲。患有色盲的人不能当评酒员。

2. 嗅觉

人的嗅觉器官是鼻腔，从嗅闻到香味或气味至发生嗅觉的时间为0.1~0.3秒。人的嗅觉灵敏度高、容易适应，也容易疲劳。有嗅盲者不能参加评酒。

3. 味觉

所谓味觉是呈味物质作用于口腔黏膜和舌面的味蕾而产生的一种感觉。口腔黏膜尤其是舌的上面和两侧分布着许多突出的疙瘩，称为乳头。在乳头里有味觉感受器，又称味蕾。味蕾内味细胞的基部有感觉神经（神经纤维）分布。通过味细胞再传入大脑皮层所引起的兴奋感觉，随即分辨出味道来。从刺激到味觉仅需1.5~4毫秒，较视觉快一个数量级。咸感最快，苦感最慢。所以在评酒时，有后苦味就是这个道理。

在世界上最早承认的味觉，是甜、咸、酸、苦四种，又称基本味觉。鲜味被公认为味觉是后来的事。辣味不属于味觉，是舌面和口腔黏膜受到刺激而产生的痛觉。涩味也不属于味觉，它是由于甜、酸、苦味比例失调所造成的。

味觉容易疲劳，尤其是经常饮酒和吸烟及吃刺激性强的食物会加快味觉的钝化。特别是长时间不间断地进行评酒，更容易使味觉疲劳以致失去知觉。所以在评酒期间要注意休息，防止味觉疲劳。

味觉也容易恢复。只要评酒不连续进行，且在评酒时坚持用茶水漱口，以及在评酒期间不吃刺激性的食物并配备一定的佐餐食品，味觉就容易恢复。

味觉和嗅觉密切相关，味蕾的数量也会随年龄的增长而变化。

评酒环境与条件

1. 评酒环境

评酒环境的好坏，对评酒结果有一定的影响。一般对评酒环境的要求如下：无震动和噪声，评酒室内清洁整齐，无异杂气味，空气新鲜，光线充足，以恒温15℃~20℃为宜。评酒室内还应有专用的评酒桌，在桌子上铺有白色台布、茶水杯，并备有痰盂等，使评酒员在幽雅、舒适的环境中进行评酒活动。

2. 评酒条件

评酒员应具备一定的素质，包括文化素质和职业修养。

评酒员要严格遵守评酒规则。对评酒容器有严格的要求。酒样温度以恒温15℃~20℃为宜，并对酒样编组。评酒时间：在实践中一般认为，上午9~11时，下午3~5时较适宜评酒。

评酒员应具备的素质

1. 具有良好的职业道德

评酒员应把为企业服务与为消费者服务作为工作宗旨；把实事求是、认真负责作为行业准则；把热爱行业、热爱岗位、敬业奉献作为追求目标；把遵纪守法、遵章守则、严于律己作为职业规范。

2. 专业技能高

一个评酒员的评酒能力和品评经验主要来自刻苦学习和经验的不断积累，特别是要在基本功上下功夫。主要体现在以下四个方面。

四性：提高准确性、掌握重复性、把握再现性、保持稳定性。

四力：检出力、识别力、记忆力、表现力。

四懂：懂工艺、懂分析、懂储存、懂勾调。

四了解：了解行业动态、了解最新技术、了解市场状况、了解消费者需求。

检出力：评酒员应具有灵敏的视觉、嗅觉和味觉，对色、香、味有很强的辨别能力——检出力，这是评酒员应具备的基本条件。

记忆力：通过不断地训练和实践，广泛接触酒，在评酒过程中提高自己的记忆力，如重复性和再现性等，这也是评酒员必备的条件。

识别力：在提高检出力的基础上，评酒员应能识别各种香型白酒。

表现力：评酒员应在识别和记忆中找出问题所在，并有所发挥。评酒员不仅能以合理打分来表现色香味和风格的正确性，而且能把抽象的东西，用简练的语言描述出来。因此，作为一名评酒员，除具备以上的基本功、全面掌握产品和风格特征外，还要有相当的文化程度。

TIPS：对评酒员的要求

（1）要保持稳定；

（2）要有事业心，热爱评酒工作；

（3）要大公无私，坚持原则；

（4）要保持身体健康；

（5）要全面掌握产品和风格特征；

（6）评酒时要感官品评与理化分析相结合。

影响品酒效果的因素

1. 心理因素

人的知觉能力是先天就有的，但人的判断能力是靠后天训练而提高的。因此，评酒员要加强心理素质的训练，注意克服偏爱心理、猜测心理、不公正心理及习惯心理；注意培养轻松、和谐的心理状态。在评酒过程中，要防止和克服顺序效应、后效应和顺效应。

顺序效应——评酒员在评酒时，产生偏爱先评酒样的心理作用，这种现象叫正顺序效应；偏爱后品评酒样的心理作用叫副顺序效应。在品评时，对每轮次的每个酒样进行同次数反复比较品评，在品评中以清水或茶水漱口，可以减少顺序效应的影响。

后效应——因品评前一个酒样而影响后一个酒样的心理作用，叫后效应。在品完一个酒样后，一定要漱口，清除前一个酒的酒味后再品评下一个酒样，以防止后效应的产生。

顺效应——在评酒过程中，较长时间的刺激，使嗅觉和味觉变得迟钝，甚至可变得无知觉的现象叫顺效应。为减少和防止顺效应的发生，每轮次品评的酒样不宜安排过多，一般以5个酒样为宜。每天上、下午各安排轮次较好，每评完一轮次酒后，必须休息30分钟以上，待嗅觉、味觉恢复正常后再评下一轮次酒。

2. 评酒员的身体状况与精神状态

评酒员的身体状况与精神状态直接影响评酒结果。因为生病、感冒或情绪不佳以及极度疲劳都会使人的感觉器官失调，从而使评酒的准确性和灵敏度下降。因此，评酒员在评酒期间应保持健康的身体和良好的精神状态。

3. 评酒能力及经验

这是评酒员必须具备的条件。只有具有一定的评酒能力和丰富的品评经验，才能在评酒中得到准确无误的评酒结果；否则，不配当评酒员。因此，作为评酒员要加强学习和训练以及经常参与评酒活动，不断提高品评技术水平和积累评酒经验。

4. 评酒环境

这是影响评酒效果的重要因素。噪声、光照、温度、湿度控制在什么范围，色调如何等，都会对评酒效果产生一定的影响。

白酒品评的基本方法

白酒的品评方法有很多种，主要还是从颜色、香气、口感、风格这四个方面进行综合评价，而这四个因素所占的权重却是不同的。一般来说，香气所占的权重是最大的，它对白酒质量的影响也最明显。其次是口感，主要是以酒在口中的滋味来判断，这需要长时间的练习才能分辨出来，并能找出其中最细微的差别。下面介绍实用的品评方法。

品评方法分为三种：①明评法；②暗评法；③差异品评法。

国内外的酒类品评，采用差异品评法，主要有下面五种：一杯品尝法、两杯品尝法、三杯品尝法、顺位品尝法、五杯分项打分法。

白酒品评的具体步骤

1. 眼观色

白酒的色泽是通过人的眼睛来评定的。观察酒样有无色泽和色泽深浅，同时做好记录。在观察透明度、有无悬浮物和沉淀物时，要把酒杯拿起来，然后轻轻摇动，根据观察，对照标准，打分并做出色泽的鉴评结论。

2. 鼻闻香

白酒的香气是通过鼻子判断、确定的。当被评酒样上齐后，首先注意酒杯中酒量的多少，把酒杯中多余的酒样倒掉，使同一轮酒样中酒量基本相同，之后才嗅闻香气。在嗅闻时要注意：鼻子和酒杯的距离要一致，一般在1~3厘米；吸气量不要忽大忽小，吸气不要过猛；嗅闻时，只能对酒吸气，不要呼气。

在嗅闻时，按1、2、3、4、5顺次进行，辨别酒的香气和异香，做好记录。再按反顺次进行嗅闻，并排出质量顺位。嗅闻时，对香气突出的排列在前；香气小的、气味不正的排列在后。初步排出顺位后，嗅闻的重点是对香气相近似的酒样进行对比，最后确定质量优劣的顺位。

喷香性：也称溢香性。喷香性突出的酒，一倒出就香气四溢，芳香扑鼻，且香气协调，主体香突出，无其他邪杂香气，说明酒中的香气物质较多。

留香性：一入口，香气就溢满口腔，大有冲喷之势，说明此酒中含有较多低沸点的物质；咽下后，口有余香；酒后作嗝时，还有一种令人舒适的特殊香气喷出，说明此酒中的高沸点酯类较多。

TIPS：三种鉴别白酒特殊香气的方法

①用一块小滤纸，吸入适量酒液，放在鼻孔处细闻，然后将滤纸旋转半小时左右，继续闻其香，确定放香的时间和大小。

②在手中滴入一定数量的酒，握紧手与鼻子接近，从大拇指和食指间形成的空隙处，嗅闻它的香气，以此验证香气是否舒适。

③将少许酒置于手背上，借用体温使酒样挥发，嗅闻其香气，判断酒香的真伪、留香好坏与长短。

3. 口尝味

白酒的口味是通过味觉确定的。先将盛酒样的酒杯端起，吸取少量酒样于口腔内，品尝其味。在品尝时要注意：

①每次入口量要保持一致，以0.5~2.0毫升

为宜。

②酒样布满舌面，仔细辨别其味道。

③酒样下咽后，立即张口吸气，闭口呼气，辨别酒的后味。

④品尝次数不宜过多，一般不超过3次。每次品尝后淡茶水漱口，防止味觉疲劳。

⑤品尝要按闻香的顺序进行，先从香气小的酒样开始，逐个进行品评。在品尝时，把异杂味大的异香和暴香的酒样放到最后尝评，以防味觉刺激过大而影响品评结果。

4. 综合起来看风格

根据色、香、味的鉴评情况，综合判定白酒的典型风格、特殊风格、酒体状况，是否有个性。最后根据记忆或记录，对每个酒样分项打分和计算总分。

5. 打分、写评语

①打分。一般各类酒的得分范围是：

高档优质酒92～95分，一般优质酒90～91分，中档酒85～89分，低档酒80～84分。

②写评语。

评语描述要全面（色、香、味、格），选用香型、标准中的常用语，并尽量保持一致性；评语中应明确指出酒样的质量特点、风格特征及明显缺陷。

评语对企业改进提高酒质有明显帮助。

白酒品评技巧、标准与规则

1. 白酒品评的技巧

品评是一种技巧。评酒员要经过刻苦的学习和训练，练就成熟的品评能力。俗话说“熟能生巧”。到了巧的地步，就说明基本功已经升华，发生了质的变化。这些质的变化使品评上升到技术理论的高度。

评酒员应学习并掌握以下知识：

①了解白酒中各种香味成分的生成机理，以及微生物代谢产物与香味成分的关系。

②学习技术理论知识。

学习酿酒工艺学、微生物学、生物化学知识，搞清工艺条件与相应成分的关系。学习有机化学、无机化学和物理化学，掌握香味成分的理化性质和变化规律。

③懂得工艺管理。掌握工艺管理与提高白酒质量的关系。

④熟悉各种香型白酒的香味特征。要开阔眼界，探索白酒香味成分的奥秘。

⑤严格进行基本功的训练。只有具备了各种相关的知识和扎实的基本功，才能有较高的品评技巧，才能更好地完成评酒任务。

2. 白酒品评技巧的技术要点

品评技巧主要表现在快速、准确上。在评酒时，首先查看色泽，做好记录，然后开始闻香。先从编号1、2、3、4、5开始，再从编号5、4、3、2、1开始，如此顺序反复几次。每次要适当休息，使疲劳得以恢复。第一步先选出最好与最次的，然后将不相上下的样品作反复比较，边闻香边做记录，不断改正。待闻香全部结束后，稍事休息开始品味。

在品味时，先从香气淡的开始，按闻香好坏排队，由淡而浓要经几次反复，暴香与异香都留到最后尝评，防止口腔受到干扰。每次要做好记录。

3. 品评的标准

评酒的主要依据是产品质量标准。在产品质量标准中，明确规定了白酒感官标准技术要求。它包括色、香、味和风格4个部分。目前在产品质量标准中有国家标准、行业标准和企业标准。根据国家标准化法规定，各企业生产的产品必须执行产品标准，首先要执行国家标准，无国家标准的要执行行业标准，无行业标准的要执行企业标准。

根据GB10345.2—1989白酒感官评定方法的规定，现将白酒的评酒标准分述如下：

①色泽。

将样品注入洁净、干燥的品评杯中，在明亮处观察，记录其色泽、清亮程度、沉淀及悬浮物情况。

②香气。

将样品注入洁净、干燥的品评杯中，先轻轻摇动酒杯，然后用鼻闻嗅，记录其香气特征。

③口味。

将样品注入洁净、干燥的品评杯中，喝入少量样品（约2毫升）于口中，以味觉器官仔细品尝，记下口味特征。

④风格。

通过品尝香与味，综合判断是否具有该产品的风味特点，并记录其强、弱程度。

4. 评酒规则

①评酒员一定要休息好，充分保证睡眠时间。只有精力充沛、感觉器官灵敏，才能参加评酒活动。

②评酒期间，评委和工作人员不得擦用香水、香粉和使用香味浓的香皂。在评酒室内不得带入有芳香性的食品、化妆品和用具。

③评酒前半小时不准吸烟。

④评酒期间不能饮食过饱，不吃刺激性强的影响评酒效果的食物。

⑤评酒时要注意安静。要独立思考，暗评时不许互相交谈和互看评酒结果。

⑥评酒期间和休息时不准饮酒。

⑦评酒员要注意防止品评效应的影响。

⑧评酒工作人员不准向评委暗示有关酒样情况，严守保密制度。

白酒的香气有哪些

白酒正常的香气有陈香、浓香、糟香、曲香、粮香、馊香、窖香、泥香和其他一些特殊香气。

陈香：香气特征表现为浓郁而略带酸味的香气。陈香又可分为窖陈、老陈、酱陈、油陈和醇陈等。

窖陈，指具有窖底香气或陈香中带有老窖底泥香气，闻起来舒服细腻，是由窖香浓郁的底糟或双轮底酒经长期贮存后形成的特殊香气。

老陈，指老酒的特有香气，丰满、幽雅、酒体一般略带微黄，酒度一般较低。

酱陈，有点酱香气味，似酱油气味和高温陈曲香气的综合反映。酱陈似酱香又与酱香有区别，香气丰满，但比较粗糙。

油陈，指带脂肪酸酯的油陈香气，既有油味又有陈味，但不油哈，很舒服宜人。

醇陈，指香气欠丰满的老陈香气（清香型白酒尤为突出），清雅的老酒香气，这种香气是由酯含量较低的基础酒贮存所产生的。

浓香型白酒中没有陈香味都不会成为好名酒，要使酒具有陈香是比较困难的，必须经过较长时间的自然储存。

浓香：指各种香型的白酒突出自己的主体香气的复合香气，更准确地说，它不是浓香型白酒中的“浓香”概念，而是指具有浓烈的香气或者香气很浓。可分为窖底浓香和底糟浓香：一个是浓香中带老窖泥的香气，如酱香型白酒中的窖底香酒；一个是浓中带底糟的香气，香得丰满怡畅。与浓香对应的是单香、香淡、香糙、香不协调等。

糟香：是固态法发酵白酒的重要特点之一，略带焦香气和焦煳香气及固态法白酒的固有香气。带有母糟发酵的香气，一般是经过长发酵期的质量母糟经蒸馏才能产生。

曲香：是指具有高中温大曲的成品香气，是空杯留香的主要成分，是四川浓香型名酒所共有的特点，是区别省外浓香型名酒的特征之一。

粮香：粮食的香气很怡人，各种粮食有各自的独特香气，它们是构成酒中粮香的各种成分的复合香气。浓香型白酒采用混蒸混烧法，就是想获得更多的粮食香气。

高粱是酿造白酒的最好原料，其他任何一种单一粮食酿造的白酒质量都不如高粱白酒，但用其他粮食同高粱一起按一定比例进行配料，进行多粮蒸馏发酵酿造白酒，索取更加丰富的粮香，能获得较好的效果，即粮香突出，混合粮食香气，香气别有一番风味。

馊香：是白酒中常见的一种香气，是蒸煮后粮食放置时间太久，开始发酵时产生的综合气味。

窖香：是指具有窖底香或带有老窖香气，香气比较舒服细腻，普遍在四川浓香型白酒中表现出来，它是窖泥中各种微生物代谢产物的综合体现，江淮一带的浓香型白酒由于厂家无老窖泥，一般不具备窖底香。

泥香：指老窖泥香气，仿佛雨后泥土的清新香味，比较舒服细腻，但区别于窖香，比窖香粗糙，或者说窖香是泥香恰到好处的体现。浓香型白酒中的底糟酒含有令人舒服的窖泥香气。

特殊香气：不属于上述香气的其他正常香气统称为特殊香气，如芝麻香、木香、豉香、果香等。

白酒香气的质量

在分析白酒的香气时，品尝员首先应努力去鉴别其浓度、风格和质量，然后通过更为细致的分析，利用短暂而重复的嗅香，力争将那些持续交替出现的、类似某一些粮食香、果香的香气分离开来。因此，品尝员必须努力回忆、搜索其脑中储存的各种香气类型，并恰当地描述从白酒中辨别出的类似的香气。

白酒的香气有陈香、粮香、窖香、糟香等，而香气的舒服程度是酒的质量的基础。如果一种白酒的气味令人舒服、和谐，那么我们可以称之为幽雅。幽雅的白酒，以浓郁、舒服、协调的香气为特征。要成为质量好的酒，前提是酒中要具备类型多样且绝对含量高的香味成分；而要成为世界顶级美酒，更要具备不同于其他酒种的特殊的微量香味成分，而各种香味成分之间的协调共存则是成为顶级美酒的保证。这是全世界酿造大师和品酒大师共同的认知，也是我们值得借鉴的。

对于未经训练的初学者来说，在谈到白酒香气的质量时显得比较空洞。经过大量、反复的酒样尝评之后，我们才能正确掌握什么是白酒香气的质量。因此，在日常工作和生活中，勤加训练，不断提高自身的品酒水平，我相信有朝一日，你一定能成为具有较高水平的品酒大师。

第九章

白酒的收藏与投资

当红酒收藏在欧美国家成为一种时尚并在我国快速发展的时候，白酒作为中国文化的一部分，却在很长的一段时间里与收藏市场无关。但随着国内收藏市场的日益壮大，国内部分白酒生产企业和收藏爱好者已经将目光牢牢地盯在了白酒收藏这个潜力巨大的市场上。目前，白酒收藏成为继红酒收藏之后，国内收藏市场一个新的投资和利润增长点，吸引了大批资金和人员的进入，并造就了一部分亿万富豪。

陈年白酒，俗称“老酒”，即指酿造出厂之后，经过十几年乃至几十年储藏的优质老白酒。陈年白酒由于是食用消耗品，故存量会日益稀少，且具备多样的功能属性，其价值正被越来越多的品酒爱好者、收藏爱好者及投资者所关注。

陈年酒从品鉴饮用的角度讲究的是“酒质与陈化”，从收藏投资的角度讲究的是“文化与稀缺”。陈年白酒的收藏主流品种是20世纪50年代初至90年代初这一时期。这个时期正是我国在制酒工艺等方面较为成熟的时期。90年代中期以前，我国处于计划经济时期，很多酒厂均未进行改制，多是国营酒厂定产定销，因而广泛采用最传统的制酒工艺和窖藏周期及用粮率，因此简单地说，就是那个时代的酒做得“纯粹”。另外，那个时期，国家还未全面进入工业化时代（污染少），因而我们不难发现，那时包括空气质量与气候、粮食与水源都要比90年代末期乃至现在更“绿色”，因为好酒的酿制除了工艺，说到根本还要优质的粮食、水源及气候，而那个时期天空湛蓝，水源清透，粮食有机，因此那个时期酿造出来的酒，是纯粹的“绿色”酒品，不可再生。

现代科学证明，适度饮用白酒对身体是有益的。因为“谷粮为酒之基”，粮食是酿酒的物质基础。白酒中除乙醇和水之外，能够检测到的微量成分已达上百种，包括醇类化合物、低分子有机酸及其酯类、高分子有机酸及其酯类、氨基酸、微量元素等。另外，白酒还具有御寒、通经活血、促消化、助药性之功效。

中国自古以来还有“酒是陈年好”之说，而这个观念也是具有科学依据的。因为历经几十年储存的老酒，酒体的组成分子会逐渐协调，原本较刺激性的物质成分也会淡化，这种自然储藏的过程，称为“陈化”，也叫“老熟”。而达到这种“状态”的老酒，其酒香更为浓郁，酒质相比新酒未经长时间陈化的辛辣粗糙的口感而言，也会更圆润且回味悠长，并且酒液微黄（酱香及兼香型酒）。品饮后，甚感神清气爽，不上头，更不会出现口渴之状，因此能在当下品鉴杯中老酒实属是一种“享受”。

收藏白酒的目的

白酒收藏是一些爱酒人士的特殊爱好，他们对收藏白酒情有独钟。收藏的目的各有不同，有些人收藏白酒是为了珍藏纪念，有些人收藏白酒是为了专业投资，还有的把白酒收藏作为了一种职业。

大多数人收藏的白酒多以茅台、五粮液等名酒为主，一般在50度以上。随着人们生活水平不断提高，白酒品种多元化，人们对白酒的认识也有所提高，喜欢收藏白酒的人也越来越多。如今，不仅是名酒，一些精心酿造的中端品牌白酒也是人们收藏的品种之一。

应该说，白酒的收藏市场有很大的潜力，白酒有很大的升值空间。对于酒的爱好者来说，白酒收藏是一项不错的投资选择。如某位收藏者收藏的一瓶五粮液，20世纪初曾获巴拿马万国博览会金奖及世界博览会金奖，在国内外都享有很高的声誉，曾以50万元的高价拍卖成功。历史悠久的名酒是收藏者进行投资的首选，尤其是一些纪念装珍品及限量版品种。

白酒收藏除了注重白酒的品质外，对酒的包装也是非常讲究的。由于较长的收藏时间，致使一些白酒精美的外包装同样具有很高的收藏价值，这也是白酒收藏爱好者对白酒包装格外挑剔的主要原因之一。白酒要具有较高的收藏价值必须具备以下三个因素：一是时间长；二是著名产品，具有一定的稀缺性；三是包装完好，无漏气、破损现象。某知名杂志联合市场研究公司对白酒收藏展开了一系列的在线调查。调查数据显示，超过五成的受访者收藏白酒的目的是出于爱好和自己饮用；在白酒品类方面，优良珍品高度酒成为消费者的首选；在收藏过程中，超过五成以上的人经历过上当受骗的事情；超过四成的受访者认为，收藏白酒能够实现财富的保值增值。

品牌及其他收藏须关注的因素

伴随着近年来白酒持续不断的涨价风潮，白酒已经成为国人投资的“新宠”。调查数据显示，逾七成的受访者收藏白酒的时间在5年以内，其中三成以上受访者参与白酒收藏的时间在1~3年内，收藏时间在3~5年的受访者也相对较多，达到22.1%，而收藏时间在8年以上的受访者占18.8%。虽然白酒的收藏热比红酒起步晚，但是它的势头却一点都不亚于红酒，毕竟白酒在国人心目中有着不可比拟的地位和情感，使得白酒收藏成为一种时尚。

在被问及收藏白酒的目的时，49.3%的受访者表示留着给自己喝，48.7%的受访者表示因为个人爱好。43.5%的受访者表示，收藏也是为了馈赠或请客招待，让自己更有面子；当然，还有不足两成的受访者表示，收藏白酒是为了投资。

收藏市场的升温，让不少高端白酒已从餐桌转战到保险柜，一跃成为奢侈品，甚至成了部分藏家的珍贵藏品。调查发现，在收藏白酒品牌方面，茅台、五粮液、泸州老窖位列前三名。其中，选择茅台的受访者占比高达59.1%，选择五粮液的占比为47.3%，选择泸州老窖的占比也达到28.1%，而古井贡酒、汾酒、剑南春等也是国人选择收藏的白酒之一。可以看出，由于茅台、五粮液名气大，变现流通也比别的品牌容易些，故成为国人收藏的首选。

白酒投资风险意识较强

调查数据显示，四成以上的受访者每年在白酒上的投入占年收入的5%以下，29.7%的受访者会用5%~10%的年收入来收藏白酒，而投入40%以上年收入的狂热收藏爱好者仅为1.9%。这也充分说明国人对于白酒的投资市场的心理预期趋于保守状态，大多数受访者只拿出部分的流动资金用于白酒收藏，属于理性收藏。

白酒的真伪辨别

当被问及在白酒收藏过程中是否有过上当受骗的经历时，51.6%的受访者表示遇到过，48.4%的受访者还没有遇到。对于白酒的真伪辨别，56.9%的受访者表示凭自己经验判断，17.1%的受访者会选择找专门机构鉴定，15.5%的受访者则信赖亲戚朋友的判断，仅有9.9%的受访者会采用委托专家鉴定的方式。我国作为酒文化的发源地，其源远流长的文化传承对国人的影响非比寻常，故多数消费者在购买白酒时会凭着自己的经验来判断。

拍卖会逐渐被认可

随着各大品牌的高档白酒通过涨价陆续挤入“千元阵营”后，人们也开始关注白酒变现方式。数据显示，对于出售所收藏白酒的方式选择上，33.6%的受访者表示会通过烟酒商店回收，23.9%的受访者表示会约定时间专人上门收集，另有22.3%的受访者会在拍卖会等专业机构进行寄售。调查发现，虽然目前收藏市场尚不规范，但是国人对白酒的投资仍充满信心，正逐步接受高档白酒以拍卖的形式售出的方式。目前，网络拍卖会逐渐流行起来，在各大老酒交易网上会定期举办拍卖会，让买卖双方足不出户就能进行线上交易。

收藏白酒需谨慎

在谈到当下的白酒收藏市场时，受访者普遍反映存在诸多问题。调查数据显示，60.8%的受访者表示目前某些白酒品种的产量太少，市场上假货太多；43.8%的人认为包装过于烦琐华丽；32.8%的人则对白酒价格表示担忧，认为价格层次幅度不太明显；24.8%的受访者则表示预定年份酒的过程复杂，时间漫长；同时，变现渠道不是特别顺畅也是部分受访者所担忧的问题之一。

尽管白酒收藏市场存在诸多问题，法律法规也不太健全，但是近半数的受访者对白酒收藏市场的前景仍看好，认为白酒的市场价格仍会走高，目前仍是投资的好时机。不过，也有近两成的受访者对此持观望态度。

分析师认为，在房市限购、股市低迷时期，投资者将一部分资金转移到其他投资市场是明智之举，而白酒市场就是这部分资金的一个流向。现在，经由收藏市场掀起的一股“白酒收藏热潮”，客观上起到了将白酒收藏理念推向公众的效果，这些看似另类的投资产品，其实是降低了投资的风险性。毕竟，实物保本，没钱赚时，这些东西还可以自己享用或者送礼。不过，由于缺乏鉴定标准，仅凭外观很难判断真伪，白酒收藏者入市还需小心谨慎。要成为成功的白酒收藏家，必须具备专业的鉴定能力，同时，过硬的评酒能力也不可或缺。

白酒收藏的五大价值

目前，市场上白酒琳琅满目，哪些是最具有收藏投资价值的呢？白酒收藏首先就要看酒本身的品质，只有品质优良的酒才具有较高收藏价值，在此基础上，具较高历史文化价值、品牌价值、艺术价值、年份价值及地域价值的酒更具有收藏价值。

历史文化价值

历史文化价值会提升酒的收藏价值，所以有特殊历史文化含义的酒的收藏投资价值自然更高。比如国酒茅台、五粮液、香港回归酒、汾酒、泸州老窖、抗战70周年纪念酒等都是收藏的佳品。

品牌价值

目前，市场上酒的品牌不计其数，收藏就要选择知名品牌的酒，只有这样酒的质量和价值才有保证。历次中国名酒评选出来的名酒都具有较高的品牌价值。老八大、十七大等都是备受收藏爱好者青睐的品牌。

艺术价值

艺术价值额外增加白酒收藏价值。收藏最讲稀、奇、缺，酒瓶造型奇特、酒标艺术气息浓厚、瓶体材质奇异的酒，更具有收藏价值。由于受市场竞争等因素影响，现代白酒非常注重酒的包装，如强烈的视觉冲击、古朴典雅的特色、回归自然的包装等，便能吸引众多白酒收藏爱好者。比如洋河蓝系列，梦幻典雅酒瓶和极具魅力的蓝色色调本身就是一件精美的艺术品；柔和的酒质，从视觉到感观，将酒的价值提升到了一个新的层次。

年份价值

谁都明白，年份对于收藏的重要性。岁月会使美酒更加醇香、更具有价值，十几年和几十年的名酒一般都具有较高的收藏价值。20世纪七八十年代的酒收藏价值更高，20世纪五六十年代的酒恐怕就是孤品。据说一瓶60年代的茅台酒目前市值在百万以上。所以说目前关于年份酒的收藏市场非常热，而且中国酒业协会还成立了名酒收藏委员会，专门为酒类收藏品的鉴定、流通、交易等提供服务，由此可见酒类收藏市场的巨大潜力和价值。

地域价值

四川、贵州等省份产的原酒，具有明显的地域资源优势。四川盆地拥有上千年的酿酒史，酒文化博大精深，具有发展白酒的优势和条件，是我国发展白酒产业最为理想的地区之一。经过多年的发展，无论是品牌，还是生产技术上在国内乃至国际堪称首屈一指，素有“川酒甲天下”“川酒云烟”的美誉，被行业认为最大的产业集群、最大的品牌群、最大的产能群、最好的政策洼地。四川和贵州两地是浓香型和酱香型两种世界顶级白酒的发源地，故有着较高的地域价值，其出产的白酒价值也较其他地方高。

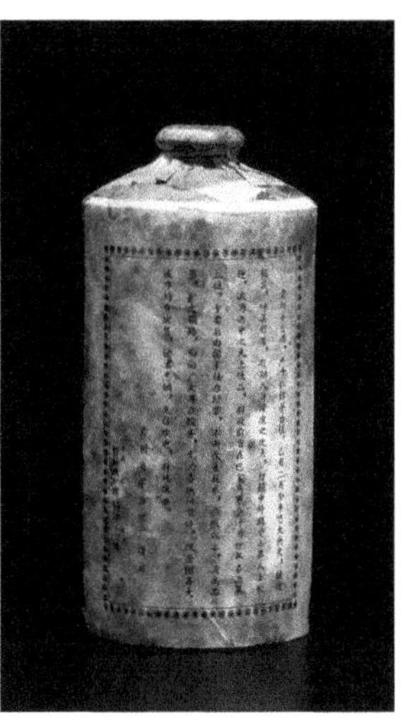

收藏老酒的基本原则

笔者有幸参加过多场中国酒业协会组织的老酒鉴评会，也品尝过很多的老酒，对老酒收藏有一定的研究，特别是根据多年的经验，总结老酒收藏的基本原则如下：

1. 要量力而行

根据自己的财力选择收藏品的档次。老酒也分高、中、低三档。高档老酒的价格是老酒本身的几十倍甚至几百倍。要根据财力设计自己的收藏达到一个什么样的档次，这样才能降低投资的风险。

2. 要循序渐进

俗话说得好，“投资有风险，入市需谨慎”，为避免一次性投入过大，可从价格波动较小、风险较小的中低档品种开始，逐渐有经验后再向高深发展。

3. 要“以酒养酒”

酒类收藏，特别是高档白酒的收藏，耗费财

力、物力，最好的方法是“以酒养酒”，即购买藏品时，除留足收藏的部分外，再多购一部分，等过一段时间价格上涨时，卖出富余的藏品，所得资金用于购买自己中意的藏品，滚雪球似的发展，越滚越大。

从这几年收藏圈内老酒的价格来看，总体上仍呈上升阶段。一般每年上升的幅度在10%~30%。部分品种甚至达到100%以上。

老酒收藏中的“黑马”当数茅台酒。一瓶500毫升的53度普通茅台酒，1983年的价格是每瓶8.5元。在收藏家手中存放20多年以后，2011年的圈内价格是18000元左右，而市场拍卖价则达到45000元左右。它的收藏升值空间，远远大于黄金、玉器、字画等任何一款普通收藏品。

但是，世界上没有永恒的“牛市”，老酒也一样。2011年以后，80年代老茅台酒的价格迅速下跌，一度跌破每瓶9000元，让很多投资者损失惨重。老酒投资收藏有风险，初入行者需谨慎。现在是老茅台酒淘去泡沫回归理性价格的时期，也是初学者适当介入的最佳时期。

老酒的基本鉴别常识

1. 看包浆

所谓包浆，指岁月在酒瓶上留下来的痕迹。如同一个老人，岁月会在其脸上留下皱褶和色斑。酒也一样，年代越长，包浆越深重。包浆是在长期的存放中自然形成的，是灰尘、水分、雾霾、紫外线等共同作用的结果。自然包浆的特征是：陈旧、黄黑、熟滑、幽光，有层次感、积淀感，与新品的鲜亮、浮躁、干涩、贼光正好相反。

假包浆一般是用茶水、酱油醋、铁锈等为原料，经人工侵蚀打磨而成。鉴别时，一是看，看其颜色是否自然。太黑、太旧、太破烂的形状往往是人工做旧的。二是闻，闻包浆表面有无异味。三是擦，用手指或抹布擦拭包浆表面，看看能否轻易擦掉。凡颜色不自然、有异味、轻易能擦掉的包浆往往是人工做的。

2. 看酒花

酒花是指摇晃酒瓶时产生的酒液气泡。方法是：一只手拿紧酒瓶，上下快速晃动三四下，观察酒液表面骤起的小气泡。一般情况下，越老越好的酒其酒花越多越细密，停留的时间也越长（30秒左右）。但60度以上的白酒酒花稍大一点（如绿豆），停留的时间也稍短一点（十几秒）。40度以下的低度酒酒花非常少，几乎没有，停留的时间更短（几秒钟）。

假酒一般用劣质酒制作，或者用低度酒冒充高度酒。酒花稀疏而停留时间短。但是随着科技的发展，制假手法也有翻新——用添加剂制作酒花。识别这类假酒，主要是看酒花的大小、颜色和停留时间。用添加剂制作的酒花往往过于细密，颜色发白，如同洗衣粉泡沫，而且停留的时间特别长（一两分钟）。遇到这种情况就要特别注意鉴别。

3. 看特征

即酒瓶包装上的特征。任何一款酒，都有其

独特的特征。这些特征反映在酒瓶制作、封膜材质、商标印刷、日期显示、文字图案形状等方面。有些特征是无意形成的，如在印刷过程中产生。有的特征是生产厂家有意制作的。比如，20世纪80年代中期茅台酒的“暗记”，其中一处在瓶盖封膜顶部，由“茅台”二字的变形字体组成。它是在封膜材料制作时印上去的，安装到瓶盖上以后，由于封膜干燥收缩，形成了一个非常特别的标志。字体的形状与忽隐忽现的笔画，使制假者非常难以模仿。又如茅台酒的日期显示，除20世纪90年代有三年是用红色字体显示外，其余年份全部是用深蓝（黑）色墨水打印日期。制假者不了解这一特征，在不该用红色墨水的年份用红色墨水打印日期，结果成了明显的“一眼假”。掌握了酒的特征，才能提高鉴别的能力。

用特征鉴别老酒有一定的难度。鉴别者需要掌握各种酒的各种特征。而这些特征又在不断变化。初学者只有在收藏过程中仔细观察，不断探索，认真研究，积累经验，才能运用自如，并不断提高自己的鉴别能力。

什么样的酒值得收藏

初学者选择收藏品种时应该把握以下几个要点：

1. 选择名牌

目前收藏圈内比较认可的名牌是“十七大名酒”（1989年第五届全国评酒会评出来的茅台、五粮液等17种金奖名酒）和“五十三大优质酒”（1989年同时评出来的龙滨、德山、安酒等53种银奖酒）。除了这些国家级名酒，各省市评选出来的名优酒也在选择范围内。名酒的升值空间要远远大于普通酒。

2. 选择“次热品牌”

所谓“次热品牌”，是指一些具有升值潜力，目前还没被炒得太热，价格也不太高的品牌。如十七大里面的汾酒、西凤酒、双沟等以及五十三

大里面的大部分品种。

3. 选择量小的品种

"物以稀为贵。"由于各地区的生活习惯及消费水平不同，老酒存留下来的数量也不一样。有的量大，有的量小，有的几乎成为孤品。例如，沧州薯干白酒、浏阳河小曲、广东长乐烧、玉冰烧等，20世纪80年代以前存留下来的数量相当少，价格自然高涨。

4. 选择年代久远的酒

同等条件下，年代越久远越值钱。

5. 选择品相好的酒

所谓品相好，是指酒瓶完好、盒标齐全无缺损、酒液较满的酒。凡是老酒都会自然挥发，一般跑酒在40毫升以内的都在可接受范围，跑酒越少越好。

6. 选择优质的原酒

原酒相对于成品酒而言，是指未经勾调、降度处理的原浆酒，也叫基础酒。对于一些资深白酒爱好者和藏家而言，优质的原酒也是不错的选择。当然，收藏原酒，必须要具备一定的品鉴素养。

藏酒的价值

一般的收藏品随着时间的推移其价值增加，但其使用价值大都丧失或转移（如一个古董瓷碗，是不能再作为饭碗用来吃饭了），唯有白酒例外，不仅价值会增加，其使用价值也随着时间推移而增加。例如，一瓶像鉴道私藏一样的陈酒，不但可以饮用，而且比一般的酒更醇、更香，有更好的饮用价值。酒曲酿酒是中国酿酒的精华所在，此发明使中国历史上产生了无数的名酒佳酿，令无数英雄为之"折腰"。老酒作为能喝的古董，正越来越被"食不厌精"的老饕和贪杯者们发掘和消耗。老酒喝一瓶，少一瓶，剩下的酒其价值只会越来越高，这也是老酒收藏最大的特色。但和同年代的洋酒相比，中国老酒的价位只是洋酒的零头而已。

1. 饮用价值

众所周知，白酒没有保质期。酒在存放的过程中，会产生多种酯类物质，就是俗称的"醇化"过程。各种酯类会产生各种特殊的香气，但这种醇化是非常缓慢的，所以，白酒通常是存放时间越久越好。其中，以纯粮酿造的高度白酒最适宜久藏，低度酒和“勾兑”酒（含有酒精）就不易久藏。

2. 怀旧价值

酒液、酒瓶、酒标、酒包装，甚至岁月刻在酒瓶上的印记，无不映射着那个时代的特征和烙印，给经历了那个时代的人浓重的怀旧气息。即使没有经历过那个年代的人，也能感受那份厚重的力量。

3. 拍卖、增值

名酒收藏不怕贬值，价值只有上涨。由于白酒收藏刚刚起步，名酒升值的空间相当大。近几十年来，一般的名酒升值都在5到10倍，极个别珍品、孤品涨幅达几十倍。

为什么用普通粮食酿出的白酒，成本不高，价格却高达几百元、上千元甚至上万元呢？这是因为酒蕴含着历史文化、人文精神、酿造技艺。一句话，收藏酒，就是收藏文化，酒的价值就来源于酒中所蕴含的几千年的历史文化。几千年来，中国人遇事必宴，逢宴必酒，酒为“百礼之首，百药之长”。直到现在，一敬一回、一斟一酌，“礼”“义”“健康”尽在酒中，不断延续。收藏白酒，自然要收藏名酒，即收藏酒的品牌文化，这种品牌文化是几千年来在酒的酿造中一点点积累形成的，是经过了时间的考验、在众多消费者心目中形成的文化资产。

常言道：“乱世黄金，盛世收藏。”从刚刚起步的中国白酒拍卖和收藏来看，白酒历史悠久，资源稀缺等特点所决定的其高贵价值特性，以及能长期保存、存在交易市场等优势，使白酒收藏成为当下国人的时尚。而白酒收藏热的“助推器”就是近年来白酒在拍卖会上取得的骄人成绩。我国白酒收藏素来具有广泛而深厚的民间基础，而这样的拍卖行情，如此飙升的老酒价格，更让一些人看到了其中的收藏和投资价值，从而引领了一股收藏热。虽然白酒的收藏比红酒起步晚，但它的势头却一点也不亚于红酒，毕竟白酒在中国人心目中有着不可比拟的地位和感情，而丰厚的收益回报，更让业内人士普遍看好未来白酒收藏市场的发展潜力。

如何规避白酒收藏的投资风险

目前高端白酒的市场遭受冷遇，老酒收藏交易却似乎热情不减，至今仍有不少人加入炒老酒的行列，但是我国现在并没有关于酒类收藏的法律和专门的权威部门规范市场，所以现在白酒收藏投资还是有风险的。为了能让投资得到更好的回报，教大家几招规避白酒收藏投资风险的方法。

藏酒切忌跟风，谨慎评估风险

老酒造假在业内相对普遍，藏酒专家刘剑锋建议，新人入行最好选择安全的购买渠道，同时要选准比较细化稳定的收藏方向，品种不要太杂。“最好以20世纪八九十年代评选出来的名酒为主要收藏方向，在条件允许的情况下，选择越早年份的老酒越好。”

购买藏酒时，一定要到专门的检测机构鉴别真假。“凡是被游资介入的板块一定是高危地带，就像此前的普洱、兰花、红木等投资热，均如玩‘击鼓传花’游戏，最终风险由很多散客承受。”有资深藏家还提醒普通散客，需谨慎进入，小心风险。

据悉，对于普通消费者而言，老酒的储藏、变现风险也是很大的，白酒收藏往往是以10年为单位，一般消费者要在如此长时间内储存大量白酒并不容易。另外，白酒收藏还没有成熟的市场。目前通用的变现渠道主要有：一是在拍卖会上进行。这种方式的优点是关注度高，缺点是周期长、不便利。二是卖给寄卖行。这种方式十分快捷、便利，但价格不透明。第三种方式就是民间收藏者的自发交流。

收藏投资要选对渠道

收藏白酒，大品牌、知名度高的名优酒品当属首选。如果仅仅是个人爱好，全国各地的酒品都收藏起来也未尝不可。白酒收藏的悄然兴起，从另一个侧面说明，这也是白酒爱好收藏者的一大投资机会。

收藏有价值的白酒

具备以下五个条件的白酒具有收藏价值：

①具有稀缺性和储值价值；

②具有独特品牌文化价值；

③具有较长历史；

④具备重大纪念意义；

⑤52度以上的高度酒，器皿设计精细。

白酒收藏注意防止跑酒和酒质发生变化

收藏的过程中一定要避免以下的情况出现：

①跑酒。跑酒现象的主要原因有：瓶口密封不严，瓶体渗漏。其实一瓶酒放了几十年跑酒很正常，跑酒过多，酒质肯定变化很大。收藏者可选择高密度材质且瓶口精度高、密封好的陶瓷装酒、玻璃瓶装酒等保存高档名优酒。

②酒质发生变化。许多酒品由于保存时间过久，酒成分发生了变化，失去了原有风味，喝起来寡淡无味，以致大家把这些酒当成赝品，纠纷不断。因此，收藏者应收藏高度酒品（52度以上）。注意不同香型的瓶装酒效果不同。酱香高，沸点成分含量多。酱香瓶装酒质量相对容易保持稳定，而其他香型在不渗漏的前提下，在一定时期内也可以收藏；超过期限会使香气发生变化。另外，一些地方名酒由于工艺独特，也适合长期保存。

白酒收藏往往投入很小，但是升值空间非常大，附加收藏价值也很高。不过，投资有风险，在收藏投资的过程中需要考虑很多的问题，所以还是要告诉大家，“市场有风险，投资需谨慎”“没有金刚钻，别揽瓷器活”。

第十章

白酒 G·R 官荣评分

杨官荣和他的评分团队

初生牛犊不怕虎

杨官荣有着国家白酒评委的头衔，作为G·R官荣评分团队的主心骨，担负着管理、协调、统筹规划甚至是教育培训的责任；他既是领导，也是团队的一员。吴德贤和吴亚东作为著名的资深评酒人和实战派专家，是团队的首席品酒顾问，起着把控全局、画龙点睛的作用。而其他成员则是年轻而充满活力的7个平均年龄30岁左右的年轻人，你可能会认为他们太年轻，缺乏经验，稳定性可能会差一点，这你大可不必担心，因为他们都是通过严格考试选拔出来的顶级品酒人才，而且都持有省级白酒评委资格。由于供职于四川省酿酒研究所，他们几乎每天都能接触到来自全国各地不同风格的酒样，日积月累的经验加上年轻人本有的敏锐感官，造就了他们的高超的品酒水平。据初步估算，G·R官荣评分团队每名成员每天品评的酒样数量都在10个以上。以下是对他们的简单的介绍：

杨官荣

G·R首席品酒师，评分团队核心成员，著名青年白酒专家，三届国家白酒评委，首届四川酿酒大师。

吴德贤

G·R首席品酒顾问，著名白酒专家，白酒勾调理论奠基人，原四川大学化学系教授，企业家，首届四川酿酒大师。

吴亚东

G·R首席品酒顾问，著名白酒专家，国家白酒评委，资深白酒酒业管理咨询专家。

黄志瑜

白酒金三角专家委员会委员，国家白酒评委，国家一级品酒师，工程师。

杨 燕

白酒金三角专家委员会委员，国家一级品酒师，工程师。

周 玲

白酒金三角专家委员会委员，国家一级品酒师，工程师。

陈发荣

白酒金三角专家委员会委员，国家一级品酒师，工程师。

李 雷

白酒金三角专家委员会委员，国家一级品酒师，工程师。

许必晏

四川省白酒评委，国家一级品酒师。

周 娜

四川省白酒评委，国家一级品酒师。

配合默契

一个团队要成就一番事业，配合默契至关重要，没有默契，不能发挥团队的最大能量；而团队没有交流沟通，也不可能达成共识。身为领导者，要善于利用任何沟通的机会，甚至创造出更多的沟通途径，与成员充分交流。唯有领导者从自身做起，秉持对话的精神，有方法、有层次地激发员工讨论并发表意见，善于汇集经验与知识，才能凝聚团队力量并达成共识。团队有共识，才能激发成员，并让成员心甘情愿地倾力打造企业的通天塔。领导之间、领导与团队之间，沟通是形成领导力的基础。

在评分团队中，领导与队员之间、队员与队员之间交流非常频繁，甚至有时会为了一个酒样的评分进行激烈的争论，直到得出一个让大家都能够信服的结果。团队一直以“集思广益，各抒己见”为评酒的原则。每次尝评完之后，就会举行讨论会。首先各成员依次发言，有不同意见可以讨论；最后由团队首席品酒人杨官荣结合大家的意见，对酒样进行综合打分；对于最后意见还是不能统一的酒样，还会邀请两位品酒顾问对其进行打分，提出参考意见，确保酒样的得分与其品质匹配。通过近三年来无数个酒样的尝评、打分、讨论，成员之间建立了信任，有的时候不需要语言来表达，一个眼神、一个动作互相就能理解对方所要表达的意思。默契的配合使团队的工作效率非常高，而且既准确又科学。同时年轻人在团队合作中也提升了专业技能，他（她）们在国家品酒竞赛、省级白酒评委考试中取得的优异成绩就是很好的证明。

G·R官荣评分的由来

白酒是一个传统行业，它的发展依赖人们的消费习惯和历史文化地位，但消费者并不十分了解白酒的文化背景和历史渊源，也不懂得如何去区别什么是好酒、什么是差酒。他们多数会选择名气大的品牌，因为有面子，而在饮用时只是去下意识地判断这酒“好喝与不好喝”，别人说好喝就会觉得好喝。我们认为，这种消费文化是不健康的，也不利于白酒的可持续发展。让普通消费者也成为爱酒、懂酒、品酒之人，是广大白酒工作者的责任与义务。

在葡萄酒行业中，人们非常推崇罗伯特·帕克以及他的评分体系。该体系按照颜色外观、香气、风味、潜力等四方面进行评分，最后综合得出总分。每瓶葡萄酒最低都能得到50分，在此基础之上颜色和外观占5分，香气占15分，风味占20分，潜力占10分。给葡萄酒的打分范围为50分至100分，评分可以直观地反映酒体的品质。相比葡萄酒而言，中国白酒品种更多，微量成分更加复杂，影响因素也更多，看起来对中国白酒进行评分的难度更大。

关于G·R官荣评分的由来，要追溯到2011年。四川省酿酒研究所刚开始做人才培训和原酒质押贷款等业务的时候，举办了第一届全国白酒品酒师培训班，全国各地有将近300人参加。大家都怀着极高的热情来学习专业的品酒知识，内心充满了渴望，甚至授课教室都容不下那么多人。但在教学过程中，大家不断提出这样的问题：什么样的酒才能称得上是好酒？中国白酒品评的标准是什么？作为授课老师，我在授课之余，也在不断思索，我们中国白酒是否也应该有自己的质量评判标准呢？这个标准应包含怎样的一些内容呢？这个念头在我脑海当中久久不能散去，我觉得我们应该做点什么。于是我开始阅读大量有关“罗伯特·帕克评分”的书籍，了解它的历史、评分方法、使用方法等。我最关注的还是它为什么能为所有人所接受，甚至我还买了国外的红酒进行亲身实践（虽然我从来没品过红酒），切身感受了帕克评分的魅力。虽然我不太懂红酒，但是我觉得帕克评分是很有权威性的，至少它给了大家一个直观的参照标准，有很多的人相信它，而且连最普通的消费者也可以使用它，用目前流行的话来说，这就叫“接地气”。

对帕克评分了解越深入，我愈加敬佩其创始人的勇气和成就。帕克评分的成功一半以上要归功于罗伯特·帕克的人格魅力，他的坏脾气以及严苛、公正、一丝不苟的作风都成为人们关注的焦点。看得越多，我就越想为中国白酒也创造一个“罗伯特·帕克评分”。在考虑成熟了之后，我专门到成都拜访了我的老师——四川大学化学系退休教授吴德贤。吴教授是在退休之后开始做酒的，鼎盛时期拥有三家浓香型酒厂，在白酒行业有着较高的威望。在与吴教授进行交流的时候，他对我的想法非常赞同，并愿意无偿做我们的咨询顾问。我记得吴教授当时说了这样一句话：“中国白酒是一个传统的行业，一直以来都以传统的思想在发展，要做好白酒的评分，很难，但既然我们决定要做这件事情，就必须有所创新，做好了，必定能给行业带来巨大的影响。”罗伯特·帕克从1978年开始做葡萄酒杂志的，当时的读者只有几百人，经过了几十年的发展才有了今天的地位。我不奢求很快就能取得成功，但我相信，只要我们努力去做了，就会有成功的那一天。

G·R官荣评分的特点

G·R官荣评分是以四川省酿酒研究所副所长、三届白酒国家评委、著名白酒专家杨官荣先生命名成立的专业白酒评分体系。该评分团队由中国白酒资深老专家吴德贤教授、资深白酒企业管理咨询专家吴亚东先生担任品酒顾问，四川省白酒青年专家黄志瑜、杨燕等7名国家级品酒师组成，旨在探索中国白酒的健康、有序发展之路。G·R官荣评分是用全新的白酒品质评价体系来评价及传播白酒质量与文化的新体系。评分团队结合中国白酒独特的生产技术和风格特征，更结合市场及普通消费者的消费特征，通过创新白酒感官品评方法，用新评分体系代替20世纪计划经济时期诸如“四大名酒”“八大名酒”等用荣誉性称号来评价一款白酒的传统方式，以期使评价更加量化、实用、直观，真正做到为普通大众所认知。我们致力于将“G·R官荣评分”打造成为中国白酒的“罗伯特·帕克评分”，成为衡量中国白酒质量的尺度。

G·R官荣评分具有以下特点：

1. 科学性

基于对中国白酒及对世界饮品科学的研究，以研究开发人们能接受并喜欢的健康酒精饮品为目的，评分团队在评酒时着重以以下指标作为参考：①原产地。中国白酒讲究产区划分，地域性特征明显的酿酒原料、生态环境特征都与白酒的品质密切相关。②生产工艺。适宜的酿酒环境、古老的酿酒窖池、成熟的生产工艺以及严谨的生产管理是白酒品质的保证。③贮存时间（年份指数）。贮存时间是优秀白酒与经典白酒的区别所在。④原浆指数。以优质纯粮酒为基酒调制的白酒，酒体风格自然协调，香气优雅，这是我们评分的一个重要指标，也是产品进入评分体系的入门要求。⑤酒体本身的品质。如协调性、净爽度、醒酒度、微量成分的量比关系以及酸酯是否平衡等，也是我们评分时重点考虑的因素，这不仅是衡量品（调）酒师的技艺水平，也是酒体整体质量的关键所在。

2. 客观独立性

四川省酿酒研究所是白酒专业科研事业单位，客观独立性是其单位的性质决定的。在评分的时候，团队严格秉承公平、公正、公开的原则，只为产品质量负责，指出优点、缺点并提出整改意见；团队不会与任何白酒企业产生经济利益关系，保证评分结果具有高度的客观性、真实性。

3. 实用性

用简单明了的方式直接对白酒的品质作出判断，一方面可以引导消费者理性消费，另一方面也为白酒生产者指出白酒的发展方向，引导企业做出真正的好产品，为营造一个健康有序的白酒产业发展作出贡献。G·R官荣评分团队的成员们每年至少要对1500多种白酒进行感官品评。团队在成都和广汉都设有专业的品鉴场所，也会定期到宜宾、泸州、贵州等地举办成品（原）酒鉴评活动，收集一些品质卓越、风格独特的酒样。

目前评分团队已品评成品酒酒样1.2万余个，全部封存于四川省酿酒研究所；已品评原酒质押酒样5000余个，为白酒企业融资超过100亿元，得到了金融部门及百余家企业的充分信任。2013年年末，评分团队为知名白酒网络营销商——酒仙网品鉴和指导电商产品提供参考，并连续两年合作出版《中国名优白酒鉴赏》一书。评分团队于2014年与国内知名杂志社合作出版了专业白酒鉴赏杂志——《中国白酒评品鉴大师》，为普通消费者了解白酒品质提供了学习、交流的平台。

G·R官荣评分方法的具体说明

团队每次品酒活动都选择在清洁整齐、无异杂气味、空气新鲜、光线充足、恒温15℃~20℃，相对湿度40%~60%的条件下进行，全程采用盲品的方式，用专门编号的品酒杯盛酒。每次品酒会开始之前，团队的首席品酒师杨官荣先生会和首席品酒顾问吴德贤先生、吴亚东先生一起，用明品的方式预先对酒样进行打分，并选取其中一个酒样作为参考基准分，以确保盲品分数的一致性。确定基准分后，团队成员一起对酒样进行盲评，并详细记录得分情况和评语。每一组品酒活动一般安排5~10个酒样，每天最多进行两组品评（一般分上、下午进行）。品评结果取团队成员评分的平均分。一般在盲品结束后，团队会对其中一些比较有争议的酒样进行反复品评、讨论，以确保结果的客观准确性。

评语和分数将在公开酒样名称之前直接被录入G·R官荣评分数据库，关于在酒样身份公布后的其他评论也会直接添加进盲品的评语中，但是分数不再做任何更改和说明。

评分结果百分制说明

分值	说明
96~100 分	经典：顶级白酒，具有中国白酒应有的所有经典品质
90~95 分	卓越：具有高级品味特征和口感的白酒，有舒服的香和味，酒体馥郁程度高
80~89 分	优秀：口感纯正、制作优良的白酒，有精妙之处，没有明显缺陷
70~79 分	良好：简单、缺乏特色，但无伤大雅
60~69 分	一般：有明显不足，接受度欠佳的产品

G·R官荣评分感官品评表

评酒场合：　　　　　　　　　　品评表编号：CJYSJ________（编号 1 — 10000）

尝评小组编号____	样品编号________	白酒年份						酒样名称		香型分类
尝评日期________	尝评时间________ 项　目	优秀	好	一般	较差	差	扣分	缺陷性质	缺陷描述	浓香□ 酱香□ 清香□ 米香□ 药香□ 兼香□ 特香□ 凤香□芝 麻香□ 豉香□ 老白干□馥郁香□
视觉印象	澄清透明 有无杂质							原料因素 □	________ ________ ________ ________	酒评人评语： ________ ________ ________ ________ ________ ________
嗅觉印象	香气舒服度									
	放香大小									
味觉印象	入口：绵柔醇和，有无燥辣感							工艺因素 □	________ ________ ________ ________。	
	味中：香味协调，厚重									尝评小组成员签名
	回味：甜味舒服，干净、无苦涩感，持续时间长短							勾调因素 □	缺陷解决方式 ________	
饮后印象	个性鲜明 一饮难忘							储存因素 □	________ ________ ________	
	醉酒 / 醒酒快慢								________ ________	
得分	单项分								________。	
	总　分									
备注	此表为百分制评分，基准分为 50 分，尝评项中视觉印象 5 分，嗅觉印象各 5 分，味觉印象入口和味中各 8 分，回味 9 分，饮后印象各 5 分。									

注：原浆指数、年份指数、甜爽度也将作为重要的参考指标。

G·R官荣评分权重表

一级项目	一级权重	二级项目	二级权重	具体要求
视觉印象	5	澄清透明、有无杂质	5	中国白酒要求清澈透明，无悬浮物，无沉淀，储存时间较长的白酒带微黄色，依据酒液情况酌情扣分。
嗅觉印象	10	香气舒服、纯正、自然，香气品质高雅与否	5	传统优质固态法白酒要求窖香、陈香、粮香、糟香、醋香等香气馥郁舒服、协调平衡，各不突出；要求酒香高雅，层次分明，个性突出。依据酒香酌情扣分。
		放香大小、浓郁程度	5	传统固态法酿造白酒放香较为明显，柔和不刺鼻，香气悠久。依据放香大小、纯正情况酌情扣分。
味觉印象	25	入口：绵柔醇和，爽口，味甜，有无燥辣感	8	中国白酒要求入口甜顺，绵柔醇和，不燥不辣，刺激感自然，口腔无痛感。依据酒液情况酌情扣分。
		味中：香味协调，酒味丰富，厚重	8	中国白酒要求饮后在口腔有一定的厚重、圆润感，无水味，不寡淡，并且要求香气和酒味协调，不能香大于味，也不能味大于香；好的酒液在口中是一种享受，层次分明。依据酒液表现酌情扣分。
		回味：回甜舒服，干净、无苦涩感，持续时间长短	9	优质的固态法白酒要求回甜明显，无后苦，尾味干净爽口，不腻，无涩感；回味持久并要求优雅舒服，饮后无明显厌恶感觉。依据酒液表现酌情扣分。
饮后印象	10	个性鲜明，特色突出，一饮难忘	5	中国白酒依据产地的不同有其鲜明的个性，优质的固态法白酒应有一饮难忘的效果。依据酒体表现酌情扣分。
		醉酒 / 醒酒快慢	5	无论白酒香味如何，饮后对人体的影响很关键。优质白酒要求醉得慢、醒得快，不影响人们的后续工作。在个人合适酒量范围内饮酒后30分钟感觉有醉意但身体不难受，1小时后即醒来则为低醉酒体。依据酒体饮后反应酌情扣分。
产品总分	产品总分＝基准分50（分）＋酒液各项品评指标得分50（分）（不考虑包装、知名度、售价等因素）。			

中国白酒感官分析品评表

一、评分等级（共5个等级）

分值区间	级别	释义
96~100分	经典	顶级白酒，具有中国白酒应有的所有经典品质
90~95分	卓越	具有高级品味特征和口感的白酒，有舒服的香和味、酒体馥郁程度高
80~89分	优秀	口感纯正、制作优良的白酒，有精妙之处，没有明显缺陷
70~79分	良好	简单、缺乏特色，但无伤大雅
60~69分	一般	有明显不足，接受度欠佳的产品

注：1．品评表满分为100分，其中基准分占50%，酒液品质占50%。（产品外包装、企业知名度、产品售价等不在评价范围之列）
2．品酒过程为盲评，即酒评人在不知产品具体情况的前提下，只依靠人的视、嗅、味觉及身体感受酒液的品质优劣。

二、填表要求
1．每位酒评人在品尝时依据酒液的具体情况，独立思考、专心品评、客观公正，参照《评分细则》要求，在相对应项目得分栏中填写所品酒液的得分。
2．要求每位酒评人填写姓名、品尝时间、轮次等详情，自愿填写年龄、饮酒量、偏爱品牌。

作为G·R评分团队的带头人，我常说这样一句话："跟白酒，特别是白酒技术打了多年交道，我认为好的中国白酒应该具备三要素：原浆、年份、协调。无论哪种香型、哪种产地的好酒，上述几要素缺一不可！"

年份指数

白酒年份是指白酒从蒸馏出来开始，经过原浆窖藏到成品酒的二次窖藏，再到消费者开瓶之日止的时间段。白酒年份包含了原酒储存时间和成品酒的储存时间。

年份指数5星：习惯上我们称之为"老酒"，指储存时间达到8年及以上的酒。

年份指数4星：指储存时间达到6年以上8年以内的酒。

年份指数3星：指储存时间达到4年以上6年以内的酒。

年份指数2星：指储存时间达到2年以上4年以内的酒。

年份指数1星：指储存时间达到1年以上2年以内的酒。

年份指数新酒：指酿造出来储存时间未满1年的酒。

原浆指数

原浆指数是指成品白酒酒液组合过程中使用的经传统固态工艺酿制的优质白酒的比例。理化分析上反映在有益微量香味成分的种类及含量的多少；感官分析上反映在酒体的香气复合度及味的醇厚丰满即滋味丰富度上。

原浆指数5星：传统固态工艺酿制的优质白酒。

原浆指数4星：传统固态工艺酿制的优质白酒占比≥80%。

原浆指数3星：传统固态工艺酿制的优质白酒占比≥60%。

原浆指数2星：传统固态工艺酿制的优质白酒占比≥40%。

原浆指数1星：传统固态工艺酿制的优质白酒占比≥20%。

原浆指数无星：传统固态工艺酿制的优质白酒占比小于20%。

甜爽度

甜爽度是指酒体酸、酯、醇、醛等微量香味成分量比关系恰当，香味协调，每种香型白酒的主体香突出，有益成分含量高；感官反映出酒体绵甜、不显腻，无苦涩感，入口到落喉顺畅，舒服。

5星：指酒体自然回甜感好，落喉爽口，舒

服，无异杂味。

4星：指酒体自然回甜感较好，落喉较爽口，无异杂味。

3星：指酒体自然回甜感一般，落喉一般，基本无异杂味。

2星：指酒体回甜一般，但甜味不自然，落喉欠爽，无大的异杂味。

1星：指酒体较苦涩，落喉不爽，异杂味重。

G·R官荣评分理化分析报告

原酒编号		检验日期	
理化项目	含量	理化项目	含量
酒度（20℃，%vol）		固形物（g/l）	
总酸（以乙酸计，g/l）		总酯（以乙酸乙酯计算，g/l）	
己酸乙酯（mg/100ml）		异戊醇（mg/100ml）	
乙酸乙酯（mg/100ml）		正丙醇（mg/100ml）	
乳酸乙酯（mg/100ml）		正丁醇（mg/100ml）	
丁酸乙酯（mg/100ml）		异丁醇（mg/100ml）	
戊酸乙酯（mg/100ml）		仲丁醇（mg/100ml）	
乙醛（mg/100ml）		糖精钠（g/kg）	
乙缩醛（mg/100ml）		甜蜜素（g/kg）	
甲醇（mg/100ml）		邻苯二甲酸二丁酯（mg/kg）	
检验依据	G·R官荣评分体系标准		
检验设备	图片及文字说明		

G·R官荣评分感官鉴评报告

类别	打分项目	分数分布	分数	得分
视觉印象	澄清透明，有无杂质	清澈透明	5	
		颜色较透明、无悬浮物	4	
		有失光现象	3	
		酒体失光、酒瓶底部有絮状物	2	
		颜色呈乳状混浊	1	
		酒中有明显沉淀或较大颗粒	0	

类别	打分项目	分数分布	分数	得分
嗅觉印象	幽雅馥郁舒服	香气中呈现果香、酒香、陈香、窖香、粮香等复合愉悦香气，诸香纯正协调	5	
		香气浓馥、沉溢，复合香舒服	4	
		较幽雅，复合香气一般，其他香气较为突出	3	
		香气欠幽雅，放香程度弱	2	
		香气淡薄，无特点或带有轻微异香	1	
		异杂香明显突出	0	
	陈香	芳香四溢，带有明显的除酒香以外的特殊香气，可形容为木香陈、酱香陈、药香陈、潮气陈等，白酒贮存时间达5年以上	7	
		香气舒服，陈香突出，贮存时间3年	6	
		酒香、陈香放香协调，贮存时间2年	5～3	
		酒香明显，带有较弱陈香，贮存时间1年	2～1	
		有较重新酒香气，贮存时间3个月以内	0	
	窖香	浓郁的类似熟泥的芳香，香气浓郁，主体香突出	8	
		放香自然厚重，主体香明显	7	
		香气纯正，放香大而舒服，空杯带有细微窖泥香	6	
		香气自然纯正，窖香不突出，无异香	5	
		放香较弱，无异香	4	
		香气欠纯正，杂香突出	3	
		串酒香气	2	
		外加酯香明显	1	
		生酒精气明显	0	
	粮香	馥郁舒服的熟粮食的愉悦香气	5	
		多粮香突出，馥郁性好	4	
		粮糟香突出或单粮酒香，馥郁性一般	3	
		糟香过于突出，将粮香覆盖	2	
		粮糟香不明显	1	
		异杂香突出	0	
	其他香气	酒中有老窖泥香、陈曲香、炒芝麻焦香、植物花香等令人舒服愉悦的香气	5	
		除上述令人愉悦香气外，带有细微或非常明显的泥臭气、油哈气、霉味、糠味等令人厌恶的气味	4～0	

类别	打分项目		分数分布	分数	得分
味觉印象	入口	绵甜，刺激强弱	绵长甘冽，由复杂风味物质和酒度带来的感觉强烈但舌面刺激感时间短暂	10	
			对口腔刺激性强，绵甜感一般	9	
			醇甜感舒服，刺激性强	8	
			对舌面的刺激性减弱，或柔和，介于醇甜与醇和之间	7～5	
			醇和，入口后仅有酒度带来的刺激感，滋味淡薄、有粗糙感	4～3	
			舌面有类似于针扎感，持续时间较长，出现不适感，外加酸酯成分明显	2	
			欠纯正、欠甜感、欠舒服	1	
			异杂味明显突出	0	
		喷香质量	怡人芳香类似于火山喷发散开，在口腔中“肆意”流动	5	
			喷香质量好，怡人香气舒服，稍欠“喷涌”感	4	
			喷香质量一般，怡人香一般	3	
			带轻微异杂感	2	
			无喷香	1	
			异杂感明显突出	0	
	酒体	浓厚丰满	芬芳饱满，浓郁浑厚，滋味丰富，在口腔内形成一种和谐平衡的满足感	10	
			浓醇饱满，滋味丰富，厚而留长	9	
			醇厚丰满，浑成一团	8	
			纯正舒服，酒体满而富有	7	
			充足无欠缺	6	
			单薄不够厚实	5	
			单薄，有涩感，酒体显粗燥	4	
			寡淡无味	3	
			有异杂味，但不突出	2	
			寡淡有杂感	1	
			异杂味明显突出	0	
		协调圆润	和谐一致，犹如一个球体圆润光滑，感觉不出某一组分特别突出，各种成分恰到好处，降度即可饮用	7	
			诸味恰到好处，润滑感稍欠不足	6	
			酸酯醛成分略欠协调	5	
			醇类物质欠协调，有苦感	4	
			酒体协调，但显单调，风味物质不富有	3	
			欠协调圆润，稍有异杂味	2	
			粗糙，有异杂味	1	
			异杂味明显突出	0	

类别	打分项目		分数分布	分数	得分
味觉印象	回味	纯净，无异味	口腔内各部位感觉酒液纯净、不杂	5	
			各部位干干净净，无残留可言	4	
			回味酒香舒服，较干净	3	
			除酒香回味外，欠干净，味觉上有不舒服感	2	
			酒香、异杂香混在一起	1	
			异杂香明显突出	0	
		回甜，爽口	回味甘甜，清爽怡人	5	
			无甜感，甘爽度舒服	4	
			清爽，有苦感，不怡人	3	
			苦味重，爽口度欠佳	2	
			回味干涩，燥人	1	
			异杂香突出、明显	0	
		细腻，持久	细微润滑，怡口适口，在口腔中保留时间长，回味有香嗝	8	
			余味丝滑，怡人心脾，在口腔中停留时间较长	7	
			味感在口腔中持续时间较长，后味较散，没有浑成一团	6	
			余味散、乱，欠细腻，持续时间短	5	
			持续时间短，有轻微的不适感，带有不良气息	4	
			持续时间短，余味杂，令人不适	3	
			持续时间短，余味带有乙醇和外加成分感	2	
			持续时间极短，余味带有乙醇感	1	
			异杂香明显突出	0	
风格印象	个性鲜明		格调高雅，典型，令人难忘	8	
			别具一格，格调雅致	7	
			风格典型	6	
			风格突出	5	
			风格突出，欠雅致元素	4	
			个性风格一般，为普通原酒	3	
			个性一般，有轻微异杂感	2	
			有异杂感	1	
			异杂感明显突出	0	
	醉酒/醒酒快慢		结合理化分析报告和实验判断、打分，根据酸酯协调程度、醛类物质和杂醇油物质含量进行判定。	7	
总分（100分）					

G·R官荣评分感官科学评定办法

评定项目	项目描述	评定指标	分数	得分
浊度	判定白酒是否为纯粮和非纯粮的参考指标之一，该项目并非绝对。主要原理是天然发酵物质在低度时不溶于水而析出从而造成失光。组分越丰富的白酒析出量越大，从而浊度越高。外加酸酯可能也会引起浊度升高，所以需要静置24小时判定。	≥ 2.5	5	
		2.0 ~ 2.5	4	
		1.7 ~ 1.9	3	
		1.4 ~ 1.6	2	
		1.0 ~ 1.3	1	
		≤ 1.0	0	
色谱峰数	判定白酒是否为纯粮和非纯粮的参考指标之一，该项目并非绝对。纯粮白酒峰数多达500以上，而非纯粮或固态成分低的白酒峰数有限（不常见的微量成分在非纯粮酒中少，故检测不出）。	≥ 500个	5	
		300 ~ 499个	4	
		200 ~ 299个	3	
		151 ~ 199个	2	
		31 ~ 150个	1	
		≤ 30个	0	
余味秒数	考量白酒回味的持久程度，以时间来衡量。品评时，白酒咽下或吐出后开始记时，直至酒香在口腔中消失停止记时。优质白酒余味秒数在15秒以上，一般质量白酒在8~12秒，低档白酒在5秒以下。	≥ 15秒	5	
		13 ~ 14秒	4	
		10 ~ 12秒	3	
		7 ~ 9秒	2	
		4 ~ 6秒	1	
		≤ 3秒	0	
香气稳定性与持久性	主要通过白酒的香气从出现到消失的时间来衡量。优质白酒香气持久时间在24小时以上，一般质量白酒在8小时，低档白酒在2小时以下。	≥ 24小时	5	
		19 ~ 23小时	4	
		13 ~ 18小时	3	
		6 ~ 12小时	2	
		1 ~ 5小时	1	
		≤ 0.5小时	0	
陈年指数	该项目主要考量香气的幽雅舒服程度，主要通过G·R官荣团队（7人）感官鉴评和理化分析结果来判定。陈香指数分为10年及以上、6~8年、3~5年，2年、1年及以下共五个等级。团队认可白酒的陈香指数在6人及以上，方可下结论，同时白酒的陈年理化指标必须达到一定量。	≥ 10年	5	
		6 ~ 8年	4	
		3 ~ 5年	3	
		2年	2	
		1年	1	
		≤ 3个月	0	

评定项目	项目描述	评定指标	分数	得分
空杯留香质量（通过留香时间长短判定）	将白酒倒入品酒杯后静置5分钟后倒出留下空杯，通过感官判断留香的大小、有无杂香等。优质白酒留香浓郁舒服，留香时间长；低档白酒留香寡淡，留香时间短。	≥5小时	5	
		4小时	4	
		3小时	3	
		2小时	2	
		1小时	1	
		≤10分钟	0	
G·R官荣评分对感官鉴评项目结论的分析				

对G·R官荣评分的展望

罗伯特·帕克评分从确立到成熟，花了至少10年时间，品尝了数十万个酒样，所以G·R官荣评分要为世人所接受，成为中国白酒的罗伯特·帕克评分，还有很长的路要走，评分体系还需要完善。G·R官荣评分的特色有以下三点。

第一，应用范围广，中国白酒十二大香型皆可使用。在团队成立之前，团队成员进行了大量的准备工作，包括收集十二大香型数百种酒样进行品评训练，以提高自身的专业技术水平。另外，参加白酒国家级和省级评委考试等，不仅使成员的专业能力得到了极大的提高，并且在考试中取得了优异的成绩，增强了大家的信心。团队成员对各个香型的风格特点都非常熟悉，使G·R官荣评分可完全满足中国十二大香型的评分要求。

第二，团队专业技术能力确保评分的准确性。评分团队由3名国家白酒评委和7名省级白酒评委组成，他（她）们都是通过严格培训和考试选拔出来的顶级人才，有着丰富的理论和实践经验，专业技术能力毋庸置疑，保证了评分结果的科学性和稳定性。

第三，酒研所作为第三方科研机构，具有客观独立的特性，而且团队成员一直严于律己，从而保证了评分结果的公平与公正。

四川省酿酒研究所成立G·R官荣评分团队，对白酒行业的发展有着积极的作用。团队对白酒评分绝不是跟风的行为，而是在新形势下，白酒专业技术人员切实抛开一切世俗观念，从社会和消费者需求的角度，对企业产品进行的客观公正的品鉴与评价。

目前G·R官荣评分团队还处于初期的发展阶段，很多方面都需要进一步完善。要想这支队伍不断提升和创新，需要行业和社会给予认可和支持，要承认他们的价值（包括市场价值），并给予应有的尊重，使其不断成长壮大；让团队获得不单是来自企业，更重要的是来自社会与消费者的认可。当“G·R官荣评分”具有“罗伯特·帕克评分”那样的影响力的时候，才是中国白酒真正繁荣发展的时刻。

消费者如何使用G·R官荣评分

G·R官荣评分很实用，但并不神秘。作为普通消费者，如果你只是喜欢喝酒，甚至平常不喝酒，只是买酒送礼，那么你在购酒的时候可以完全参照G·R官荣评分。得分如果在90分以上，那一定是顶尖的好酒，你大可不必担心它的质量。得分在80到90分的酒，也算是好酒，是纯粮酿造的，并且存放了较长的时间，如果送礼的话也完全拿得出手。80分以下的酒，质量就会稍差一些，有的虽然是纯粮酿造，放的时间也长，但是由于工艺或是后期组合的原因，其酒体或多或少存在一定的缺陷，导致香气不正或口感不佳，需谨慎选购。如果得分在70分以下，那你就要注意了，纯粮的成分几乎没有，有外加成分，酒体缺陷非常明显，属于低端产品，不建议饮用。

如果你是一位饮酒爱好者，甚至对品酒还有一定的兴趣，那么你更应该学习G·R官荣评分。它将枯燥的专业理论变得直观、易懂，你不需要科班出身，不需要花大量时间培训，只要对中国白酒有热情，你就能很快掌握G·R官荣评分的精髓，成为品酒达人和酒友眼中的领袖人物。首先，G·R官荣评分是一个系统的白酒品评方法，只要你的感官正常，只要按照相关的步骤一步一步地对白酒进行打分，假以时日，你一定能发现，其实你打的分数和专家的评分差距已经很小了。即便不能百分之百分辨出白酒的质量，但至少也是八九不离十，而且你再也不会被那些广告宣传所蒙蔽，在好酒之中选择出自己最爱的那款酒，让自己和家人切实做到“少喝酒，喝好酒”。

第十一章

G·R鉴酒
——中国白酒巡礼

中国白酒的品牌很多，几乎每个省份都有自己的知名白酒品牌，其中以四川、贵州数量最多，如四川的五粮液、剑南春、泸州老窖、郎酒等，贵州有茅台、习酒、金沙等，其他省份虽然数量没有这么多，但品牌影响力也毫不逊色，像江苏的洋河、今世缘，安徽的古井贡、口子窖，河南的宋河、宝丰，山东的景芝、孔府家，湖北的稻花香、白云边，北京的红星、牛栏山等，不仅在当地白酒市场占据绝对优势，在省外市场也占据了一席之地。

白酒市场可以说是品类繁多、鱼龙混杂，还有铺天盖地的广告轰炸，面对如此多的白酒品牌，我们该怎样选择好的白酒呢？价格越贵，质量越高吗？还是相信广告或者品牌？面对消费者的诸多疑问，我们认为白酒就应该回归本质，以质量取信于消费者，而不是广告和包装。我们从消费者的角度出发，通过G·R官荣评分来为你解开谜题。请看我们品鉴过的白酒品牌，希望给大家一个可靠、直观的参照。

市面50元以下的白酒产品G·R评分

序　号	品　名	酒精度	香　型	G · R 评分	500ml 价格
1	诗仙阁二曲	46%vol	浓香型	67.5 分	30 元
2	石湾玉冰烧	29%vol	豉香型	66 分	17 元
3	桂林三花酒	52%vol	米香型	69 分	27 元
4	长乐烧 · 长乐醇	38%vol	米香型	65 分	7 元
5	红米酒	30%vol	豉香型	65 分	14 元
6	石湾米酒	29%vol	豉香型	66 分	12 元
7	湘泉	42%vol	馥郁香型	71 分	38 元
8	九江双蒸	29.5%vol	豉香型	66 分	33 元
9	新怀德 · 大青花	42%vol	浓香型	75.5 分	38 元
10	白云边 · 五年陈酿	42%vol	兼香型	68 分	36 元
11	四特酒 · 绵柔特香	45%vol	特香型	64 分	32 元
12	扳倒井 · 至尊 52	52%vol	浓香型	66 分	31.3 元
13	洋河大曲	42%vol	浓香型	67 分	49 元
14	竹叶青酒	45%vol	露　酒	69 分	49 元
15	宝丰老窖 · 丰坛贰号	52%vol	浓香型	61 分	23 元

序 号	品 名	酒精度	香 型	G·R评分	500ml价格
16	古井贡酒	55%vol	浓香型	68.5分	35元
17	稻花香·珍品2号	33%vol	浓香型	65分	49元
18	兰陵陈香·蓝尊	50%vol	浓香型	61.5分	45元
19	口子酒	40.8%vol	兼香型	65分	50元
20	金六福·前程似锦	52%vol	浓香型	66分	49元
21	老味石花	42%vol	浓香型	55分	13.5元
22	红星二锅头	56%vol	清香型	65分	12元
23	牛栏山二锅头	46%vol	清香型	65分	6.5元
24	沱牌大曲	50%vol	浓香型	66分	10元
25	迎驾·淮南子上品	42%vol	浓香型	68分	33元
26	洋河·敦煌大曲	42%vol	浓香型	61分	16元
27	绵竹大曲	52%vol	浓香型	71分	8.75元
28	三沟老窖·绵柔经典	52%vol	浓香型	65分	44元
29	孔府家酒·大黑陶	38%vol	浓香型	66分	42元
30	江口醇·鸿运	45%vol	浓香型	65分	40元
31	铁刹山·百年窖	42%vol	浓香型	67.5分	40元
32	七宝窖·一帆风顺	50%vol	浓香型	66分	29元
33	金江津·四星	50%vol	清香型	70分	26元
34	精品叙府大曲	45%vol	浓香型	75分	35元
35	龙滨王·1906	48%vol	兼香型	67分	28元
36	洮南香·醉虎	52%vol	浓香型	61分	36元
37	赤峰陈曲·八年原浆	38%vol	浓香型	61分	42元
38	尖庄曲酒	52%vol	浓香型	76分	25元
39	龙江家园·父爱如山	42%vol	浓香型	64分	49元
40	老村长·乐醇	42%vol	浓香型	61.5分	31元
41	大泉源·蓝瓷九年	52%vol	浓香型	60分	38元
42	黑铁盒玉泉酒	42%vol	浓香型	66分	30元
43	丹凤·高粱酒	53%vol	清香型	71分	39元
44	草原白酒	38%vol	清香型	63分	45元

序　号	品　名	酒精度	香　型	G·R评分	500ml价格
45	全良液·鸿运	45%vol	兼香型	63.5分	50元
46	闷倒驴·放马鞭酒	60%vol	浓香型	62分	36元
47	宁城老窖·经典珍藏版	53%vol	浓香型	64分	25元
48	金雁特曲	42%vol	浓香型	76分	45元
49	邵阳大曲	52%vol	浓香型	65分	48元
50	龙泉春·三星	53%vol	浓香型	68分	42.8元
51	德惠大曲·黄标原浆	42%vol	浓香型	62分	18.8元
52	迎春酒·酱香光瓶	45%vol	酱香型	60分	16元
53	太白酒·普装	50%vol	凤香型	63分	16元
54	贵州湄窖	52%vol	浓香型	61分	28元

诗仙阁二曲

香　　型： 浓香型
酒 精 度： 46%vol
净 含 量： 500ml
原　　料： 水、高粱、大米、糯米、小麦
生产厂家： 四川江油李白故里酒厂
年份指数： ★★☆　**原浆指数：** ★　**甜爽度：** ★☆

G·R酒评

香浓、略显刺激，香气单一、不够丰富浓郁，入口微甜平淡，爽净，风格正。

石湾玉冰烧

G·R
官荣评分
66.00 分

香　　型：豉香型

酒 精 度：29%vol

净 含 量：500ml

原　　料：水、大米、黄豆

生产厂家：广东石湾酒厂集团有限公司

年份指数：★★★　**原浆指数：**★★★　**甜爽度：**★★★

G·R酒评

豉香纯正，入口柔顺，味长，油哈味明显，尾净，具备豉香风格。

桂林三花酒

G·R
官荣评分
69.00 分

香　　型：米香型

酒 精 度：52%vol

净 含 量：480ml

原　　料：水、大米、小曲

生产厂家：广西桂林三花股份有限公司

年份指数：★★★　**原浆指数：**★★★☆　**甜爽度：**★★★

G·R酒评

香气大、较纯正，略有异杂味，味醇厚较饱满、味较长，后味刺激性大、微苦，具备米香风格。

长乐烧·长乐醇

香　　型：米香型

酒 精 度：38%vol

净 含 量：500ml

原　　料：甘泉水、优质糙米、特种饼釉

生产厂家：广东长乐烧酒业股份有限公司

年份指数：★★☆　**原浆指数：**★★★☆　**甜爽度：**★★★☆

G·R
官荣评分
65.00分

G·R酒评

香气纯正，味单薄，略涩口，后味较净，米香风格较典型。

红米酒

香　　型：豉香型

酒 精 度：30%vol

净 含 量：610ml

原　　料：水、大米、赤米、黄豆

生产厂家：广东顺德酒厂有限公司

年份指数：★★☆　**原浆指数：**★★★　**甜爽度：**★★★

G·R
官荣评分
65.00分

G·R酒评

香气浓郁，但香气显闷，略带有异香，入口寡淡，油哈味浓，有余味，较爽口，豉香风格具备。

石湾米酒

G·R
官荣评分
66.00分

香　　型：豉香型
酒 精 度：29%vol
净 含 量：610ml
原　　料：水、大豆、黄豆
生产厂家：广东石湾酒厂集团有限公司
年份指数：★★☆　**原浆指数**：★★★　**甜爽度**：★★☆

G·R酒评

香浓，豉香明显，入口寡淡，酸度大，油哈味浓，味较长，风格正。

湘泉

G·R
官荣评分
71.00分

香　　型：馥郁香型
酒 精 度：42%vol
净 含 量：500ml
原　　料：泉水、高粱、糯米、小麦、大米、玉米
生产厂家：湖南酒鬼酒股份有限公司
年份指数：★★★★　**原浆指数**：★★★☆　**甜爽度**：★★★☆

G·R酒评

有陈香，馥郁香气突出，前浓中清后酱感觉明显，带有焦煳味，酸度适中，滋味丰富，味较长，爽净，风格典型。

九江双蒸

香　　型：豉香型

酒 精 度：29.5%vol

净 含 量：610ml

原　　料：水、优质大米、黄豆

生产厂家：广东食品进出口集团公司

年份指数：★★★★　**原浆指数**：★★★☆　**甜爽度**：★★★★

G · R 酒评

豉香纯正，有陈香，入口绵甜，酒体柔和，味较长，风格典型。

新怀德 · 大青花

香　　型：浓香型

酒 精 度：42%vol

净 含 量：500ml

原　　料：水、高粱、玉米、大米、小麦

生产厂家：吉林新怀德酒业有限公司

年份指数：★★★☆　**原浆指数**：★★★☆　**甜爽度**：★★★☆

G · R 酒评

粮香、窖香突出，陈香舒适，酒味绵甜、柔顺，落口爽净，风格典型。

白云边·五年陈酿

香　　型：兼香型
酒 精 度：42%vol
净 含 量：500ml
原　　料：水、高粱、小麦
生产厂家：湖北白云边股份有限公司
年份指数：★★★　**原浆指数：**★★　**甜爽度：**★☆

G·R
官荣评分
68.00 分

G·R酒评

香气浓郁，有陈香，入口醇甜，略有燥辣感，回味略苦带糟味，较柔顺，具有兼香风格。

四特酒·绵柔特香

香　　型：特香型
酒 精 度：45%vol
净 含 量：500ml
原　　料：水、大米、食用酒精、食用香料
生产厂家：江西四特酒有限责任公司
年份指数：★★☆　**原浆指数：**★☆　**甜爽度：**★☆

G·R
官荣评分
64.00 分

G·R酒评

香气单调，入口刺激感强，甜味特浓，略显不正，酒体欠丰满，较爽净，具有特香风格。

扳倒井·至尊52

香　　型：浓香型
酒 精 度：52%vol
净 含 量：500ml
原　　料：水、高粱、玉米、大米、小麦、糯米、小米
生产厂家：山东扳倒井股份有限公司
年份指数：★★☆　**原浆指数**：★★　**甜爽度**：★★

G·R
官荣评分
66.00分

G·R酒评

酒香大、略陈，入口略带甜味，较刺激，落口微苦，味较长，具有浓香风格。

洋河大曲

香　　型：浓香型
酒 精 度：42%vol
净 含 量：500ml
原　　料：水、高粱、玉米、大米、小麦、糯米、大麦、豌豆
生产厂家：江苏洋河酒厂股份有限公司
年份指数：★★★　**原浆指数**：★★☆　**甜爽度**：★★

G·R
官荣评分
67.00分

G·R酒评

多粮香气明显，以糟香为主，有陈香，入口绵柔，酒体略显单薄，味短，后味干净，风格明显。

竹叶青酒

香　　型：露酒

酒 精 度：45%vol

净 含 量：475ml

原　　料：汾酒（清香型白酒）、水、低聚果糖、淡竹叶、橘皮、香排草、栀子、当归、木香、山柰、零陵香、丁香、檀香、砂仁、菊花

生产厂家：山西杏花村汾酒厂股份有限公司

年份指数：★★☆　**原浆指数：**★★　**甜爽度：**★★★

G·R
官荣评分
69.00 分

G·R 酒评

酒液黄色透明，竹叶清香纯正，中药材香气明显，入口甜，酒体较单薄，味短，具有露酒风格。

宝丰老窖·丰坛贰号

香　　型：浓香型

酒 精 度：52%vol

净 含 量：500ml

原　　料：水、高粱、小麦

生产厂家：河南宝丰酒业有限公司

年份指数：★★　**原浆指数：**★☆　**甜爽度：**★☆

G·R
官荣评分
61.00 分

G·R 酒评

香欠纯正，入口微甜，略有刺激感，酒体单薄，味短，有浓香风格。

古井贡酒

香　　型：浓香型
酒 精 度：55%vol
净 含 量：500ml
原　　料：水、高粱、玉米、大米、小麦
生产厂家：安徽古井贡酒股份有限公司
年份指数：★★★　**原浆指数**：★★　**甜爽度**：★★

G · R
官荣评分
68.50 分

G · R 酒评

有陈香，糟香略重，入口醇甜，刺激性大、涩口，回味带糟味，后味欠干净，味较长，具有浓香风格。

稻花香 · 珍品 2 号

香　　型：浓香型
酒 精 度：33%vol
净 含 量：500ml
原　　料：水、红高粱、玉米、大米、小麦、糯米
生产厂家：湖北稻花香集团
年份指数：★★☆　**原浆指数**：★★　**甜爽度**：★★

G · R
官荣评分
65.00 分

G · R 酒评

酒香纯正，入口醇甜，较刺激，涩口，味欠净，回味带糟味，具有浓香风格。

兰陵陈香 · 蓝尊

香　　型：浓香型
酒 精 度：50%vol
净 含 量：500ml
原　　料：水、高粱、大米、小麦
生产厂家：山东兰陵美酒股份有限公司
年份指数：★★　**原浆指数**：★☆　**甜爽度**：★☆

G · R
官荣评分
61.50 分

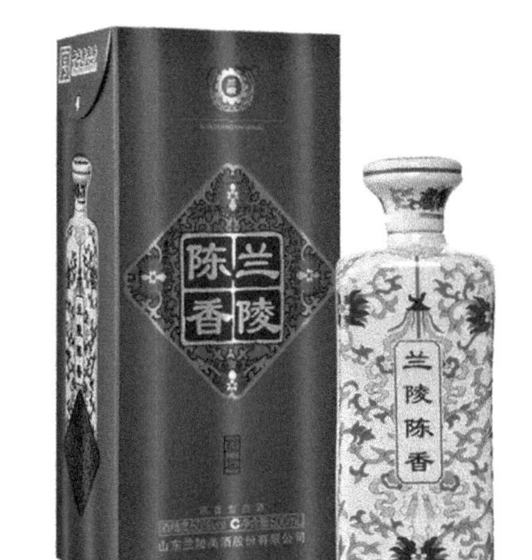

G · R酒评

有粮香，香气较纯正，入口刺激性较大，味单薄、苦涩，后味欠净，有浓香风格。

口子酒

香　　型：兼香型
酒 精 度：40.8%vol
净 含 量：500ml
原　　料：水、高粱、食用酒精、大米、小麦、大麦、豌豆
生产厂家：安徽口子酒业股份有限公司
年份指数：★★★　**原浆指数**：★　**甜爽度**：★★☆

G · R
官荣评分
65.00 分

G · R酒评

有陈香，香气较纯正，入口柔和，味单薄、微酸涩，风格较典型。

金六福·前程似锦

香　　型： 浓香型

酒 精 度： 52%vol

净 含 量： 500ml

原　　料： 水、高粱、玉米、大米、小麦、糯米

生产厂家： 四川金六福酒业有限公司

年份指数： ★　**原浆指数：** ★☆　**甜爽度：** ★★

G·R酒评

芳香大、浮香重，入口醇甜，欠饱满，味较刺激，略有煳味，后味短，风格具备。

老味石花

香　　型： 浓香型

酒 精 度： 42%vol

净 含 量： 500ml

原　　料： 饮用水、固态法白酒、食用酒精、食用香精

生产厂家： 湖北石花酿酒股份有限公司

年份指数： ★　**原浆指数：** ★　**甜爽度：** ★☆

G·R酒评

香大、浮香重，有甜味，酒体单薄，味短淡，较干净，风格一般。

红星二锅头

香　　型：清香型

酒 精 度：56%vol

净 含 量：500ml

原　　料：水、高粱、大麦、豌豆

生产厂家：北京红星股份有限公司

年份指数：★　**原浆指数：**★　**甜爽度：**★★

G·R
官荣评分
65.00分

G·R酒评

清香纯正，入口刺激性稍大，味短、单薄，后味略涩口，尾味欠干净，清香风格具备。

牛栏山二锅头

香　　型：清香型

酒 精 度：46%vol

净 含 量：500ml

原　　料：水、高粱、大麦、小麦、豌豆

生产厂家：北京顺鑫农业股份有限公司牛栏山酒厂

年份指数：★　**原浆指数：**★☆　**甜爽度：**★★

G·R
官荣评分
65.00分

G·R酒评

清香纯正，入口柔和，带甜感，味短淡，干净，本品风格明显。

沱牌大曲

香　　型：浓香型

酒 精 度：50%vol

净 含 量：450ml

原　　料：水、优级食用酒精、高粱、大米、糯米、小麦、玉米、食用香料

生产厂家：四川沱牌舍得酒业股份有限公司

年份指数：★　**原浆指数：**★☆　**甜爽度：**★☆

G·R
官荣评分
66.00分

G·R酒评

香浓、较纯正，入口单薄，甜味好，有余味，较干净，风格具备。

迎驾·淮南子上品

香　　型：浓香型

酒 精 度：42%vol

净 含 量：450ml

原　　料：水、高粱、小麦、大米、糯米、玉米

生产厂家：安徽迎驾贡酒股份有限公司

年份指数：★★　**原浆指数：**★★★　**甜爽度：**★★★

G·R
官荣评分
68.00分

G·R酒评

酒液无色透明，香气较纯正，略有粮香、陈香，味绵甜、醇和，滋味较丰富，略有涩味，风格较正。

洋河·敦煌大曲

香　　型：浓香型
酒 精 度：42%vol
净 含 量：500ml
原　　料：水、食用酒精、高粱、小麦、大米、糯米、玉米、大麦、豌豆、食用香料
生产厂家：江苏洋河酒厂股份有限公司
年份指数：★★　**原浆指数**：★　**甜爽度**：★★★

酒液无色透明，香气较正，欠浓郁，有糟香，入口味寡淡不丰富，略带水味，后味短，爽净尚可，风格一般。

绵竹大曲

G·R
官荣评分
71.00分

香　　型：浓香型
酒 精 度：52%vol
净 含 量：500ml
原　　料：水、高粱、小麦、大米、糯米、玉米
生产厂家：四川绵竹剑南春酒厂有限公司
年份指数：★★★　**原浆指数**：★★★★　**甜爽度**：★★★

G·R酒评

酒液无色透明，糟香、粮香舒适，有陈香，窖香较浓郁，自然舒适，绵甜甘洌、爽口，滋味较丰富，有余味，爽净尚可，风格正。

三沟老窖·绵柔经典

香　　型：浓香型
酒 精 度：52%vol
净 含 量：500ml
原　　料：水、高粱、小麦
生产厂家：辽宁三沟酒业有限责任公司
年份指数：★　**原浆指数**：★　**甜爽度**：★★

G·R
官荣评分
65.00分

G·R酒评

酒液无色透明，酒香较浓，有异香，欠自然，入口酸味重，带有涩味，酒尾味明显，爽净一般，风格欠正。

孔府家酒·大黑陶

香　　型：浓香型
酒 精 度：38%vol
净 含 量：500ml
原　　料：水、高粱、小麦、大麦、豌豆
生产厂家：山东曲阜孔府家酒酿造有限公司
年份指数：★★　**原浆指数**：★★　**甜爽度**：★★★

G·R
官荣评分
66.00分

G·R酒评

酒液无色透明，香气浓郁，较纯正，欠自然，略有醇香感，但香气总体不错，入口醇和柔顺，但欠丰满，似有水味，味短，较爽净，风格一般。

江口醇·鸿运

香　　型： 浓香型
酒 精 度： 45%vol
净 含 量： 500ml
原　　料： 水、高粱、小麦、糯米
生产厂家： 四川江口醇酒业（集团）有限公司
年份指数： ★★★　**原浆指数：** ★★★　**甜爽度：** ★★★

G·R
官荣评分
65.00分

G·R酒评

酒液无色透明，香气较浓、较纯正，糟香突出、较舒适，自然感较好，醇和，有陈味、较丰富，略有异味（似塑料味），回味一般，较净爽，风格较正。

铁刹山·百年窖

香　　型： 浓香型
酒 精 度： 42%vol
净 含 量： 500ml
原　　料： 水、高粱、小麦
生产厂家： 辽宁铁刹山酒业（集团）有限公司
年份指数： ★★★　**原浆指数：** ★★★　**甜爽度：** ★★★

G·R
官荣评分
67.50分

G·R酒评

酒液无色透明，香气较浓、欠自然，糟香浓，整体香气一般，味单调，似有水味，略带陈味，后味短淡，净爽一般，风格较正。

七宝窖·一帆风顺

香　　型：浓香型
酒 精 度：50%vol
净 含 量：500ml
原　　料：水、高粱、大米、小麦
生产厂家：江西七宝酒业有限责任公司
年份指数：★★★　**原浆指数**：★★★★　**甜爽度**：★★

G·R
官荣评分
66.00 分

酒液无色透明，香气较浓，有异香、欠自然，入口有异味、欠纯正，涩味明显，但酒体较丰满，味较长，净爽一般，风格较正。

金江津·四星

香　　型：清香型
酒 精 度：50%vol
净 含 量：490ml
原　　料：水、高粱、小麦
生产厂家：重庆江津酒厂（集团）有限公司
年份指数：★★★　**原浆指数**：★★★★　**甜爽度**：★★

G·R
官荣评分
70.00 分

G·R 酒评

酒液无色透明，清香突出、较纯正，粮糟香明显，有陈香，入口柔和甘冽、较丰富，香味协调，余味较净爽，风格正。

精品叙府大曲

香　　型：浓香型
酒 精 度：45%vol
净 含 量：450ml
原　　料：水、高粱、小麦、大米、糯米、玉米
生产厂家：四川宜宾市叙府酒业股份有限公司
年份指数：★★　**原浆指数**：★★★★　**甜爽度**：★★

G·R
官荣评分
75.00分

G·R酒评

酒液无色透明，窖香较浓郁，有陈香，粮香突出，绵甜、爽口，味丰富，入口甜味较好，香味协调，后味较长，多粮风格正。

龙滨王·1906

香　　型：兼香型
酒 精 度：48%vol
净 含 量：450ml
原　　料：水、高粱、小麦、枸杞子、桑葚、葛根、甘草等
生产厂家：黑龙江哈尔滨龙滨实业有限公司
年份指数：★★★　**原浆指数**：★★　**甜爽度**：★★

G·R
官荣评分
67.00分

G·R酒评

酒液无色透明，香浓、欠纯正，有异香，入口醇和，味甜，香味较协调，有余味，欠爽净、略涩，风格具备。

洮南香·醉虎

香　　型：浓香型

酒 精 度：52%vol

净 含 量：430ml

原　　料：水、高粱

生产厂家：吉林洮南市洮南香酒业有限公司

年份指数：★　**原浆指数**：★★　**甜爽度**：★

G·R
官荣评分
61.00分

G·R酒评

酒液无色透明，香欠浓，醇香重，有异香，入口甜，欠柔顺，有刺疼感，单薄短淡，涩味重，欠协调，风格一般。

赤峰陈曲·八年原浆

香　　型：浓香型

酒 精 度：38%vol

净 含 量：1000ml

原　　料：水、高粱、玉米

生产厂家：内蒙古赤峰陈曲酒业有限责任公司

年份指数：★　**原浆指数**：★★　**甜爽度**：★

G·R
官荣评分
61.00分

G·R酒评

酒液无色透明，香气欠纯正，异香突出，味短淡，有水味，单薄，欠净爽，风格一般。

尖庄曲酒

香　　型：浓香型

酒 精 度：52%vol

净 含 量：500ml

原　　料：水、高粱、小麦、大米、糯米、玉米

生产厂家：四川宜宾五粮液股份有限公司

年份指数：★★　**原浆指数**：★★★★　**甜爽度**：★★★

G · R酒评

酒液无色透明，香浓纯正，粮糟香好，绵甜甘冽，味较浓厚，余味长，后味略涩，多粮风格正。

龙江家园 · 父爱如山

G · R
官荣评分
64.00分

香　　型：浓香型

酒 精 度：42%vol

净 含 量：500ml

原　　料：水、高粱、小麦、大米、玉米

生产厂家：黑龙江龙江家园酒业有限公司

年份指数：★　**原浆指数**：★★　**甜爽度**：★★

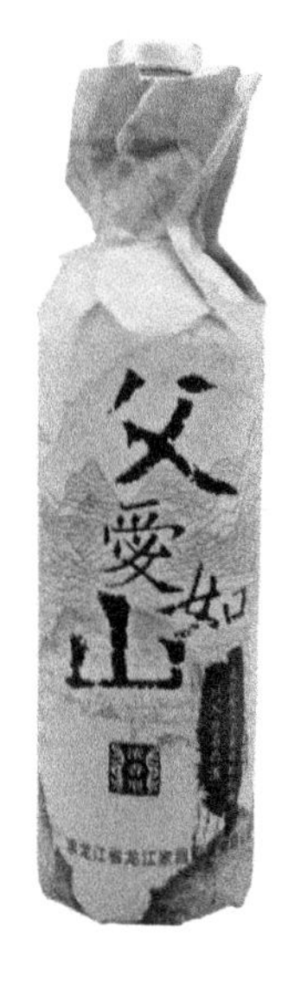

G · R酒评

酒液无色透明，香浓欠纯正，异香明显，入口绵甜、醇和，有一定厚度，余味较短，略苦涩，风格较好。

老村长·乐醇

香　　型： 浓香型

酒 精 度： 42%vol

净 含 量： 500ml

原　　料： 水、高粱、小麦、大米、玉米、糯米

生产厂家： 黑龙江老村长酒业有限公司

年份指数： ★　**原浆指数：** ★★　**甜爽度：** ★★★

G·R酒评

酒液无色透明，香气浓、欠纯正，味醇和，甜味好、欠丰满，味短淡，苦涩味突出，风格一般。

大泉源·蓝瓷九年

G·R
官荣评分
60.00分

香　　型： 浓香型

酒 精 度： 52%vol

净 含 量： 450ml

原　　料： 水、高粱、小麦、大麦

生产厂家： 吉林大泉源酒业有限公司

年份指数： ★　**原浆指数：** ★★　**甜爽度：** ★★★

G·R酒评

酒液无色透明，香欠浓、较正，略有异香，入口柔顺，酸涩味重，味短淡，后味极涩苦、极不协调，风格差。

黑铁盒玉泉酒

香　　型： 浓香型
酒 精 度： 42%vol
净 含 量： 485ml
原　　料： 水、小麦、食用酒精、食用香料
生产厂家： 黑龙江玉泉酒业有限公司
年份指数： ★　**原浆指数：** ★★　**甜爽度：** ★★

G · R
官荣评分
66.00 分

G · R 酒评

酒液无色透明，香浓较正，略有醇香，入口酸涩味突出、欠协调，味单薄，短淡，回苦，风格差。

丹凤 · 高粱酒

香　　型： 清香型
酒 精 度： 53%vol
净 含 量： 500ml
原　　料： 水、高粱、大麦、小麦
生产厂家： 亚洲酿酒（厦门）有限公司
年份指数： ★　**原浆指数：** ★★★　**甜爽度：** ★★

G · R
官荣评分
71.00 分

G · R 酒评

酒液无色透明，香浓纯正，清香突出，略有陈香和焦香，绵甜甘冽，香味较协调，余味较净长，爽口，风格正。

草原白酒

香　　型：清香型

酒 精 度：38%vol

净 含 量：500ml

原　　料：水、高粱、玉米

生产厂家：内蒙古高原蓝酒业有限公司

年份指数：★★　**原浆指数**：★★☆　**甜爽度**：★

G·R
官荣评分
63.00 分

G·R酒评

酒液无色透明，香浓、较正，清香较突出，自然感强，味醇和，但欠丰满、短淡，略有异味，后味净爽一般，风格一般。

全良液·鸿运

香　　型：兼香型

酒 精 度：45%vol

净 含 量：480ml

原　　料：水、高粱、大米、小麦

生产厂家：江西上饶市信江酒业有限公司

年份指数：★　**原浆指数**：★★☆　**甜爽度**：★★

G·R
官荣评分
63.50 分

G·R酒评

酒液无色透明，香浓欠纯正，异香突出、欠自然，入口味甜，味单薄、短淡、较协调，余味爽净尚可，略有涩味，风格一般。

闷倒驴·放马鞭酒

香　　型：浓香型
酒 精 度：60%vol
净 含 量：500ml
原　　料：水、高粱
生产厂家：内蒙古宁城民族红酒业有限公司
年份指数：★　**原浆指数**：★★　**甜爽度**：★

G·R
官荣评分
62.00 分

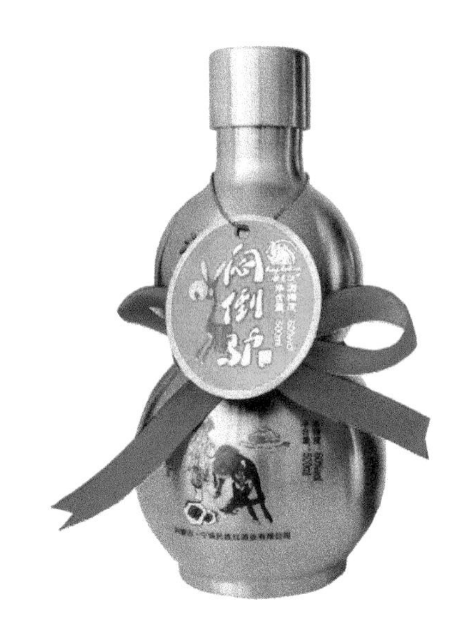

G·R 酒评

酒液无色透明，香较浓、欠纯正，异香突出，入口刺激感强，味单薄，苦涩，杂味重，余味欠爽净，风格一般。

宁城老窖·经典珍藏版

香　　型：浓香型
酒 精 度：53%vol
净 含 量：500ml
原　　料：水、高粱、小麦、玉米
生产厂家：内蒙古顺鑫宁城老窖酒业有限公司
年份指数：★★★　**原浆指数**：★★　**甜爽度**：★★★

G·R
官荣评分
64.00 分

G·R 酒评

香浓、欠纯正，有异香，自然感差，糟泥香重；入口甘冽，略有刺激感，甜味较好，滋味较丰富，饮后有余味，比较净爽，总体风格普通。

金雁特曲

香　　型： 浓香型

酒 精 度： 42%vol

净 含 量： 500ml

原　　料： 水、高粱、大米、糯米、小麦、玉米

生产厂家： 四川广汉金雁酒业有限公司

年份指数： ★★☆　**原浆指数：** ★★★☆　**甜爽度：** ★★★☆

G·R酒评

老窖香气好，带陈香，入口醇甜，滋味丰富，香味协调，味较长，落口爽净，浓香风格典型。

邵阳大曲

G·R
官荣评分
65.00分

香　　型： 浓香型

酒 精 度： 52%vol

净 含 量： 500ml

原　　料： 水、高粱、小麦、食用酒精、食用香料

生产厂家： 湖南湘窖酒业有限公司

年份指数： ★　**原浆指数：** ★　**甜爽度：** ★★

G·R酒评

糟香明显，带有泥香，入口较柔顺、欠丰满，回味带尾酒味，微涩口，具有浓香风格。

龙泉春·三星

G·R
官荣评分
68.00分

香　　型：浓香型

酒 精 度：53%vol

净 含 量：500ml

原　　料：优质泉水、高粱、小麦

生产厂家：吉林辽源龙泉酒业股份有限公司

年份指数：★★★　**原浆指数**：★★☆　**甜爽度**：★★☆

G·R酒评

粮香、窖香较浓郁，带有陈香，入口甜，较柔和，后味刺激性稍大，酒体较净，浓香风格明显。

德惠大曲·黄标原浆

香　　型：浓香型

酒 精 度：42%vol

净 含 量：450ml

原　　料：水、高粱、大米、小麦、玉米

生产厂家：吉林德惠市大曲酒业有限公司

年份指数：★☆　**原浆指数**：★　**甜爽度**：★☆

G·R酒评

酒色清亮，香气略带异香，入口柔和，回味短淡，酒体较干净，浓香风格一般。

迎春酒·酱香光瓶

香　　型：酱香型
酒 精 度：45%vol
净 含 量：500ml
原　　料：水、高粱、小麦
生产厂家：河北廊坊昊宇酿酒有限公司
年份指数：★　**原浆指数**：★　**甜爽度**：★☆

G·R
官荣评分
60.00 分

G·R 酒评

糟香偏重，有异香，入口较柔和、较醇厚，回味焦煳味重，味较长，欠净，稍有点苦涩，酱香风格略偏格。

太白酒·普装

香　　型：凤香型
酒 精 度：50%vol
净 含 量：500ml
原　　料：水、高粱、大麦、小麦、豌豆
生产厂家：陕西太白酒业有限责任公司
年份指数：★　**原浆指数**：★☆　**甜爽度**：★★

G·R
官荣评分
63.00 分

G·R 酒评

放香大，稍带有糟香，入口刺激性大，有甜感、较饱满，味较长，后味略苦涩，风格不明显。

贵州湄窖

香　　型：浓香型

酒 精 度：52%vol

净 含 量：500ml

原　　料：水、高粱、大米、糯米、小麦

生产厂家：贵州湄窖酒业有限公司

年份指数：☆　**原浆指数**：★　**甜爽度**：★

G·R
官荣评分
61.00分

G·R酒评

香浓刺激性稍大，有异香，入口欠柔和、单薄，味短，较净，具有浓香风格。

市面50~100元的白酒产品G·R评分

序　号	品　名	酒精度	香　型	G·R评分	500ml价格
1	毛铺苦荞酒·金荞	42%vol	配制酒	73分	72元
2	宋河粮液	50%vol	浓香型	81分	61元
3	银剑南·A3	52%vol	浓香型	79分	53元
4	红星二锅头12	53%vol	清香型	75分	98元
5	五粮醇·09第Ⅲ代	50%vol	浓香型	83.5分	54元
6	小角楼·特曲10	52%vol	浓香型	65分	69元
7	衡水老白干	67%vol	老白干香型	70分	78元
8	天佑德·生态青稞酒	45%vol	青稞清香型	80分	89元
9	九门口·京东首关	38%vol	浓香型	73分	60元
10	铁刹山·红色经典	42%vol	浓香型	65分	77元
11	今世缘·典藏祥缘	42%vol	浓香型	70分	88元
12	榆树钱·15窖龄	42%vol	浓香型	70.5分	88元
13	五粮头曲	52%vol	浓香型	77分	99元
14	泸州老窖头曲	52%vol	浓香型	73.5分	58元
15	白云边·十二年陈酿	42%vol	浓香型	78.5分	99元

序　号	品　名	酒精度	香　型	G·R评分	500ml价格
16	一品景芝·尊享	50%vol	芝麻香	80分	96元
17	金沙酱酒·五星	53%vol	酱香型	77分	60元
18	孔府家酒·窖藏珍品	52%vol	浓香型	73分	99.5元
19	河套老窖·三年柔和	42%vol	浓香型	79分	79元
20	泸州老窖·六年陈头曲	52%vol	浓香型	81分	65元
21	新怀德·玉液酒	35%vol	浓香型	82分	48元
22	景芝·景阳春	46%vol	浓香型	83分	61元
23	章贡老酒·封坛叁号	50%vol	浓香型	75分	65元
24	十八酒坊·蓝钻	40%vol	老白干香型	81分	69元
25	老龙口·红金龙	52%vol	浓香型	78分	84元
26	天佑德·高原2600	42%vol	清香型	80分	89元
27	郎牌特曲·T6	42%vol	浓香型	78分	99元
28	富裕老窖·部优	42%vol	浓香型	73分	50元
29	洋河大曲	55%vol	浓香型	80分	59元
30	景阳冈·窖藏66	52%vol	浓香型	79分	69元
31	凌塔·百年酒	48%vol	浓香型	74分	65元
32	衡水老白干·小青花	41%vol	老白干香型	78分	78元
33	杜康国花·蓝瓷	50%vol	浓香型	78分	77元
34	刘伶醉·原酒	42%vol	浓香型	77分	55元
35	精品潭酒	53%vol	酱香型	83分	88元
36	茅台迎宾酒	53%vol	酱香型	85分	68元
37	泸州老窖·三人炫	52%vol	浓香型	77分	50元
38	诗仙太白·柔顺新花6年	52%vol	浓香型	81分	73元
39	李渡·蓝畅	45%vol	兼香型	76分	86元
40	凤城老窖·三星	40%vol	酱香型	79分	65元
41	五粮醇·红淡雅	50%vol	浓香型	80分	69元
42	堆花·三品	36%vol	浓香型	80分	85元
43	洮南香·黄金岁月	52%vol	浓香型	77分	99元
44	老龙口·红花双龙	43%vol	浓香型	78分	60元

序　号	品　名	酒精度	香　型	G·R评分	500ml价格
45	四特酒·四星	45%vol	特香型	84分	67元
46	全兴大曲·中华老字号	52%vol	浓香型	81分	100元
47	李氏宗亲·盛典	48%vol	浓香型	80分	75元
48	鹤庆乾酒·52度陈酿	52%vol	清香型	78分	99元
49	江口醇·诸葛酿	52%vol	浓香型	76.5分	83元
50	琅琊台·小青白	46%vol	浓香型	67分	58元

毛铺苦荞酒·金荞

香　　型：配制酒
酒 精 度：42%vol
净 含 量：500ml
原　　料：水、高粱、玉米、大米、小麦
生产厂家：湖北毛铺健康酒业有限公司
年份指数：★☆　**原浆指数：**★☆　**甜爽度：**★★

G·R酒评

香浓刺激性大，入口醇甜，味较饱满，后味微苦，味较长，具有本品风格。

宋河粮液

香　　型：浓香型

酒 精 度：50%vol

净 含 量：475ml

原　　料：水、高粱、玉米、大米、小麦、糯米

生产厂家：河南宋河酒业股份有限公司

年份指数：★★☆　**原浆指数**：★★　**甜爽度**：★★☆

G·R 酒评

有陈香，入口绵甜、较柔和，后味刺激感强，酒体较饱满，涩口，具有浓香风格。

银剑南·A3

香　　型：浓香型

酒 精 度：52%vol

净 含 量：500ml

原　　料：水、高粱、玉米、大米、小麦、糯米

生产厂家：四川绵竹剑南春酒厂有限公司

年份指数：★★☆　**原浆指数**：★★　**甜爽度**：★★

G·R
官荣评分
79.00 分

G·R 酒评

有陈香，稍带有糟煳香，入口醇甜，落口稍显苦，涩口，酒体较饱满，味较长，具有浓香风格。

红星二锅头 12

G·R
官荣评分
75.00 分

香　　型：清香型
酒 精 度：52%vol
净 含 量：500ml
原　　料：水、高粱、大麦、豌豆
生产厂家：北京红星股份有限公司
年份指数：★☆　**原浆指数**：★★　**甜爽度**：★★☆

G·R 酒评

清香纯正，入口甜，回味略苦，酒体较饱满，味较长，具有本品风格。

五粮醇·09 第Ⅲ代

香　　型：浓香型
酒 精 度：50%vol
净 含 量：500ml
原　　料：水、高粱、玉米、大米、
　　　　　小麦、糯米
生产厂家：四川宜宾五粮液股份有限公司
年份指数：★★★　**原浆指数**：★★☆　**甜爽度**：★★

G·R 酒评

粮香突出，陈香舒适，稍带有泥香，入口醇甜，酒体较醇厚，味较长、较净，风格突出。

小角楼·特曲10

香　　型：浓香型
酒 精 度：52%vol
净 含 量：500ml
原　　料：水、高粱、小麦、糯米
生产厂家：四川远鸿小角楼酒业有限公司
年份指数：★★★☆　**原浆指数**：★☆　**甜爽度**：★★

G·R
官荣评分
65.00分

G·R酒评

香气放香大、刺激性大，香气单薄、浮香重，入口有甜感，口味单薄欠饱满，味较短，后味有糟味，风格一般。

衡水老白干

香　　型：老白干香型
酒 精 度：67%vol
净 含 量：500ml
原　　料：水、高粱、小麦
生产厂家：河北衡水老白干酒业股份有限公司
年份指数：★★☆　**原浆指数**：★★★　**甜爽度**：★★★

G·R
官荣评分
70.00分

G·R酒评

香气放香大，入口挺拔感强，味欠丰富饱满，酒体干净，老白干风格具备。

天佑德·生态青稞酒

香　　型： 青稞清香型
酒 精 度： 45%vol
净 含 量： 500ml
原　　料： 青稞、豌豆、古井水
生产厂家： 青海互助青稞酒股份有限公司
年份指数： ★★★　**原浆指数：** ★★★　**甜爽度：** ★★★☆

G·R
官荣评分
80.00分

G·R酒评

香浓较纯正，入口清爽、绵甜，酒体较醇厚饱满，味较长，酒体干净，风格明显。

九门口·京东首关

香　　型： 浓香型
酒 精 度： 38%vol
净 含 量： 500ml
原　　料： 水、高粱、小麦、大米、
糯米、玉米
生产厂家： 辽宁葫芦岛市九江酒业有限责任公司
年份指数： ★★★　**原浆指数：** ★★☆　**甜爽度：** ★★☆

G·R
官荣评分
73.00分

G·R酒评

香浓较纯正，有粮香，入口苦淡、欠饱满，味短，显水味，风格欠典型。

铁刹山·红色经典

香　　型：浓香型
酒 精 度：42%vol
净 含 量：500ml
原　　料：水、高粱、小麦、大米、糯米、玉米
生产厂家：辽宁铁刹山酒业（集团）有限公司
年份指数：★★　**原浆指数**：★★　**甜爽度**：★★

G·R
官荣评分
65.00分

G·R酒评

香气欠纯正，入口苦，刺激性大，酒体欠醇厚饱满，味较短，涩口，风格欠典型。

今世缘·典藏祥缘

香　　型：浓香型
酒 精 度：42%vol
净 含 量：500ml
原　　料：水、高粱、小麦、大麦、豌豆
生产厂家：江苏今世缘酒业股份有限公司
年份指数：★★☆　**原浆指数**：★★☆　**甜爽度**：★★☆

G·R
官荣评分
70.00分

G·R酒评

香浓较纯正，酒体较醇厚饱满，味较长，后味略苦，欠爽净，具有浓香风格。

榆树钱·15窖龄

香　　型：浓香型
酒 精 度：42%vol
净 含 量：500ml
原　　料：水、高粱、小麦
生产厂家：吉林榆树钱酒业有限公司
年份指数：★★★　**原浆指数**：★★　**甜爽度**：★★☆

G·R
官荣评分
70.50分

G·R酒评

放香大，香气较纯正，入口酸度大，酒体欠醇厚，后味略带苦涩味，浓香风格不典型。

五粮头曲

香　　型：浓香型
酒 精 度：52%vol
净 含 量：500ml
原　　料：水、大米、小麦、高粱、玉米、糯米
生产厂家：四川宜宾五粮液股份有限公司
年份指数：★★★　**原浆指数**：★★★☆　**甜爽度**：★★★

G·R
官荣评分
77.00分

G·R酒评

香气纯正，有粮香，入口甜，酒体较饱满，尾味长，酒体较干净，浓香风格明显。

泸州老窖头曲

香　　型：浓香型

酒 精 度：52%vol

净 含 量：500 ml

原　　料：水、高粱、小麦

生产厂家：四川泸州老窖股份有限责任公司

年份指数：★★★　**原浆指数**：★★☆　**甜爽度**：★★★☆

G·R
官荣评分
73.50分

G·R酒评

香气较纯正，刺激性大，入口绵甜，酒体较醇厚，味长，酒体干净，回甜感好，具有浓香风格。

白云边·十二年陈酿

香　　型：兼香型

酒 精 度：42%vol

净 含 量：500ml

原　　料：水、高粱、小麦

生产厂家：湖北白云边酒业股份有限公司

年份指数：★★★☆　**原浆指数**：★★★　**甜爽度**：★★★☆

G·R
官荣评分
78.50分

G·R酒评

焦煳香气突出，有陈香，入口饱满，甜感好，进口的刺激性稍大，回味也带焦煳味，酸度稍大，后味较干净，尾味长，风格较典型。

一品景芝·尊享

香　　型：芝麻香型
酒 精 度：50%vol
净 含 量：500 ml
原　　料：水、高粱、小麦、大米、糯米、玉米
生产厂家：山东景芝酒业股份有限公司
年份指数：★★★☆　**原浆指数**：★★★☆　**甜爽度**：★★★☆

G·R
官荣评分
80.00 分

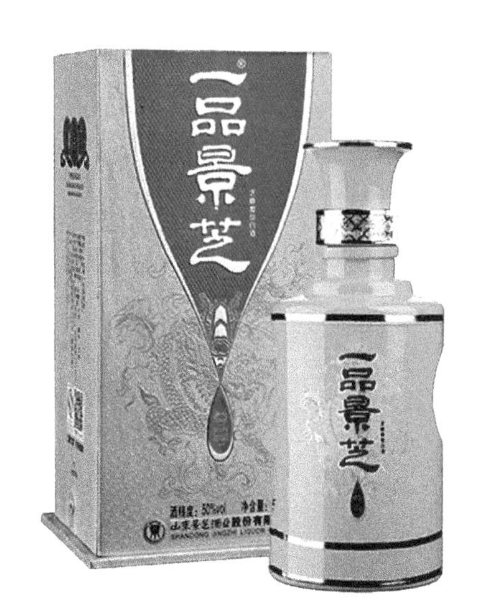

G·R 酒评

香气纯正，陈香好，入口绵甜、柔和，酒体醇厚较饱满，回味芝麻香味突出，酒体干净，酸度稍大，具有本品风格。

金沙酱酒·五星

香　　型：酱香型
酒 精 度：53%vol
净 含 量：500 ml
原　　料：水、高粱、小麦
生产厂家：贵州金沙窖酒酒业有限公司
年份指数：★★★☆　**原浆指数**：★★★　**甜爽度**：★★★

G·R
官荣评分
77.00 分

G·R 酒评

酱香突出，有陈香，酒体较醇厚，略有涩口感，余味长，空杯留香较持久，风格较典型。

孔府家酒·窖藏珍品

香　　型： 浓香型
酒 精 度： 52%vol
净 含 量： 1500ml
原　　料： 水、高粱、小麦、大麦、豌豆
生产厂家： 山东曲阜孔府家酒酿造有限公司
年份指数： ★★　**原浆指数：** ★　**甜爽度：** ★★★★

G·R
官荣评分
73.00分

G·R酒评

酒液无色透明，香气较纯正平和，略有糟香，香气单薄，复合香气几乎感觉不到；入口醇和，不刺激，酸味较重，味单薄、寡淡，好在干净，风格较正。

河套老窖·三年柔和

香　　型： 浓香型
酒 精 度： 42%vol
净 含 量： 500ml
原　　料： 水、高粱、小麦、大米、糯米、玉米
生产厂家： 内蒙古河套酒业集团股份有限公司
年份指数： ★★★　**原浆指数：** ★★★　**甜爽度：** ★★★

G·R
官荣评分
79.00分

G·R酒评

窖香浓，滋味纯正，有陈香气，较自然协调；入口醇和，滋味比较丰富，总体上看味道有些淡，有余味，爽口度一般，风格一般。

泸州老窖 · 六年陈头曲

香　　型：浓香型
酒 精 度：52%vol
净 含 量：500ml
原　　料：水、小麦、高粱
生产厂家：四川泸州老窖股份有限公司
年份指数：★★★★　**原浆指数**：★★★　**甜爽度**：★★★

G · R
官荣评分
81.00 分

窖香纯正，粮香舒适，陈香好，纯正协调，比较自然；绵甜、甘洌，滋味较丰富，整体协调感一般，有余味，较爽净，风格正。

新怀德 · 玉液酒

香　　型：浓香型
酒 精 度：35%vol
净 含 量：500ml
原　　料：水、高粱、小麦、玉米、
　　　　　　大米、糯米
生产厂家：吉林新怀德酒业有限公司
年份指数：★★★★　**原浆指数**：★★★★　**甜爽度**：★★★★

G · R
官荣评分
82.00 分

G · R酒评

香浓，陈香幽雅，粮香好，纯正协调；入口绵顺，甜味好，滋味较丰富，浓而不淡，各种香味协调，余味较长，风格正。

景芝 · 景阳春

香　　型：浓香型
酒 精 度：46%vol
净 含 量：480ml
原　　料：水、高粱、小麦、大米、糯米、玉米
生产厂家：山东景芝酒业股份有限公司
年份指数：★★★　**原浆指数**：★★★　**甜爽度**：★★★★

G · R
官荣评分
83.00 分

G · R 酒评

香气自然，陈香舒适，粮食香气好，各种香气协调；入口绵甜甘冽，滋味丰富，甜味好，香气与味道搭配协调，饮后余味舒适且尾味长。

章贡老酒 · 封坛叁号

香　　型：浓香型
酒 精 度：50%vol
净 含 量：500ml
原　　料：水、小麦、大米
生产厂家：江西章贡酒业有限责任公司
年份指数：★★　**原浆指数**：★★　**甜爽度**：★★

G · R
官荣评分
75.00 分

G · R 酒评

香气比较正，有窖香、陈香，总体比较自然；入口甘冽，但绵柔度较差，略有刺激感，滋味浓厚度一般，涩味明显，回味爽净度差。

十八酒坊·蓝钻

香　　型：老白干香型
酒 精 度：40%vol
净 含 量：400ml
原　　料：水、高粱、小麦
生产厂家：河北衡水老白干酒业股份有限公司
年份指数：★★★★　**原浆指数**：★★★★　**甜爽度**：★★★★

G·R
官荣评分
81.00分

G·R酒评

香浓舒适，略有芝麻香气，有陈香，个性鲜明；入口醇和且柔顺，甜味好，整体上滋味稍淡，饮后有余味，比较爽净。

老龙口·红金龙

香　　型：浓香型
酒 精 度：52%vol
净 含 量：500ml
原　　料：水、高粱、小麦、大麦、豌豆
生产厂家：辽宁沈阳天江老龙口酿造有限公司
年份指数：★★★　**原浆指数**：★★　**甜爽度**：★★

G·R
官荣评分
78.00分

G·R酒评

香气浓，但不太纯正，糟香重，明显有异香，整个香气上显沉闷；入口有甜味，柔顺度及醇厚度一般，饮后尾味较净，总体来说风格一般。

天佑德·高原 2600

香　　型：清香型
酒 精 度：42%vol
净 含 量：500ml
原　　料：水、青稞、豌豆
生产厂家：青海互助青稞酒股份有限公司
年份指数：★★★★　**原浆指数**：★★★★　**甜爽度**：★★★★

G·R
官荣评分
80.00分

G·R酒评

清香纯正，糟香重，陈香好；入口醇和，甜味适中，陈味比较突出，饮后有余味，是一款风格纯正的酒。

郎牌特曲·T6

香　　型：浓香型
酒 精 度：42%vol
净 含 量：500ml
原　　料：水、高粱、小麦
生产厂家：四川古蔺郎酒厂有限公司
年份指数：★★★　**原浆指数**：★★★　**甜爽度**：★★★

G·R酒评

初闻酒体香浓纯正，整个香气比较协调自然，略有粮食香气和陈香；入口绵甜，但酒体酸度较大，欠缺醇厚度，饮后尾味较干净，余味不长，爽口度差。

富裕老窖·部优

香　　型：浓香型
酒 精 度：42%vol
净 含 量：450ml
原　　料：水、高粱、小麦
生产厂家：黑龙江富裕老窖酒业有限公司
年份指数：★★★　**原浆指数：**★★★　**甜爽度：**★★★

G·R
官荣评分
73.00分

香气浓，但不是很正，异香突出，糟香、泥香占比重，自然感差；入口醇和柔顺，滋味虽然比较丰富但是各种味道之间欠协调，有异味，饮后略苦，总体风格一般。

洋河大曲

香　　型：浓香型
酒 精 度：55%vol
净 含 量：500ml
原　　料：水、高粱、小麦、大米、糯米、玉米、大麦、豌豆
生产厂家：江苏洋河酒厂股份有限公司
年份指数：★★★　**原浆指数：**★★★★　**甜爽度：**★★★★

G·R
官荣评分
80.00分

G·R酒评

有窖香、陈香，香气的纯正及自然感尚可，但香气偏弱且显闷；入口绵甜爽口，细品有刺激辣口的感觉，其滋味比较丰富，饮后余味较长，总体风格较正。

景阳冈·窖藏 66

香　　型：浓香型
酒 精 度：52%vol
净 含 量：500ml
原　　料：水、高粱、小麦、大麦、豌豆
生产厂家：山东景阳冈酒厂
年份指数：★★★　**原浆指数：**★★★★　**甜爽度：**★★★★

G·R
官荣评分
79.00 分

窖香较浓，纯正，略显闷，无异香，但整体香气偏弱；入口醇和柔顺，滋味比较丰富，有醇厚感，甜味好，饮后余味净爽，回味香，整体风格正。

凌塔·百年酒

香　　型：浓香型
酒 精 度：48%vol
净 含 量：500ml
原　　料：水、高粱、小麦、大麦、豌豆
生产厂家：辽宁朝阳凌塔酿造科技开发有限公司
年份指数：★★　**原浆指数：**★★★　**甜爽度：**★★

G·R
官荣评分
74.00 分

G·R酒评

香气浓但不纯正，有异香，泥香、糟香突出；入口比较柔顺醇和，味道上显得杂乱，较丰富，饮后尾味较长，但不够爽净，风格一般。

衡水老白干·小青花

香　　型：老白干香型
酒 精 度：41%vol
净 含 量：500ml
原　　料：水、高粱、小麦
生产厂家：河北衡水老白干酒业股份有限公司
年份指数：★★★　**原浆指数**：★★★★　**甜爽度**：★★★

G·R
官荣评分
78.00 分

G·R 酒评

清香比较纯正，有陈香，整个香气上自然协调，辅料香稍显突出；入口味道淡，滋味一般，余味短，回味比较干净。

杜康国花·蓝瓷

香　　型：浓香型
酒 精 度：50%vol
净 含 量：500ml
原　　料：水、高粱、小麦
生产厂家：河南洛阳杜康控股有限公司
年份指数：★★　**原浆指数**：★★　**甜爽度**：★★

G·R 酒评

香气较浓、较纯正，有陈香，略显闷，泥香突出，自然感尚可；入口醇和，泥味重，略苦、欠净爽，协调感不强，饮后有余味，风格一般。

刘伶醉·原酒

香　　型：浓香型
酒 精 度：42%vol
净 含 量：500ml
原　　料：水、高粱、小麦、大麦
生产厂家：河北刘伶醉酿酒股份有限公司
年份指数：★★★　**原浆指数**：★★　**甜爽度**：★★

G·R
官荣评分
77.00分

G·R酒评

香浓较纯正，陈香突出，但窖香和粮香弱，醇甜感略浓；入口醇和柔顺，因度数低显得味淡，滋味不够丰富，有点余味，风格普通。

精品潭酒

香　　型：酱香型
酒 精 度：53%vol
净 含 量：500ml
原　　料：水、高粱、小麦
生产厂家：四川仙潭酒业集团
年份指数：★★　**原浆指数**：★★★★　**甜爽度**：★★★★

G·R
官荣评分
83.00分

G·R酒评

酒液微黄透明，酱香突出，陈香一般，酒体细腻度尚可；入口醇厚丰满，滋味丰富，酸甜适度，但略有渣味，饮后回味长，空杯有留香，总体上风格正。

茅台迎宾酒

G·R
官荣评分
85.00 分

香　　型：酱香型

酒 精 度：53%vol

净 含 量：500ml

原　　料：水、高粱、小麦

生产厂家：贵州茅台酒股份有限公司

年份指数：★★★★　**原浆指数**：★★★★★

甜 爽 度：★★★★

酒液微黄透明，酱香突出，幽雅细腻，陈香较突出；入口醇厚丰满，滋味丰富；陈味好，酸甜适中，饮后回味悠长，空杯留香持久，是一款风格典型的酒。

泸州老窖 · 三人炫

G·R
官荣评分
82.00 分

香　　型：浓香型

酒 精 度：52%vol

净 含 量：1000ml

原　　料：水、高粱、小麦

生产厂家：四川泸州老窖股份有限公司

年份指数：★★★　**原浆指数**：★★　**甜爽度**：★★★☆

G · R酒评

香气欠纯正、欠自然，略有陈香；入口醇和，甜净滋味不够丰富，整体味道短、淡，风格一般。

诗仙太白 · 柔顺新花 6 年

G · R
官荣评分
81.00 分

香　　型： 浓香型
酒 精 度： 52%vol
净 含 量： 500ml
原　　料： 水、高粱、小麦、大米、糯米、玉米
生产厂家： 重庆诗仙太白酒业（集团）有限公司
年份指数： ★★★★　**原浆指数：** ★★★☆
甜 爽 度： ★★★★☆

G · R 酒评

香气较浓郁、纯正较自然，略有窖香及粮食香气；入口绵甜甘冽，滋味比较丰富，香气和味道协调，饮后回味较长，甜净爽口，风格正。

李渡 · 蓝畅

G · R
官荣评分
76.00 分

香　　型： 兼香型
酒 精 度： 45%vol
净 含 量： 450ml
原　　料： 水、大米、小麦、高粱、豌豆
生产厂家： 江西李渡酒业有限公司
年份指数： ★★★　**原浆指数：** ★★★　**甜爽度：** ★★☆

G · R 酒评

香气浓但欠纯正，糟香重，泥香突出；入口味道较杂，明显感觉泥味重，回味较长，净爽度不佳，且略有涩味，风格一般。

凤城老窖·三星

香　　型：酱香型
酒 精 度：40%vol
净 含 量：500ml
原　　料：水、高粱、大米、小麦
生产厂家：辽宁凤城老窖酒业有限责任公司
年份指数：★★★★　**原浆指数**：★★★★　**甜爽度**：★★☆

G·R
官荣评分
79.00 分

G·R 酒评

香浓纯正，有浓郁的芝麻香气，略有陈香，带有焦煳香气；入口绵柔顺口，但酸度偏大，酒体显腻，爽口度一般，余味长且较干净。

五粮醇·红淡雅

香　　型：浓香型
酒 精 度：50%vol
净 含 量：500ml
原　　料：水、高粱、小麦、大米、
糯米、玉米
生产厂家：四川宜宾五粮液股份有限公司
年份指数：★★★　**原浆指数**：★★★☆　**甜爽度**：★★★★

G·R 酒评

香浓纯正，有多种粮食香气，闻香舒适，窖香突出；入口绵甜甘冽，味较浓厚，各种味道协调，余味较长，风格正。

堆花·三品

香　　型：浓香型
酒 精 度：36%vol
净 含 量：500ml
原　　料：水、小麦、大米
生产厂家：江西章贡酒业有限责任公司
年份指数：★★★★　**原浆指数**：★★★★　**甜爽度**：★★★★

G·R
官荣评分
80.00 分

G·R酒评

窖香浓郁、纯正自然，陈香较好；入口绵柔醇和，整体味道协调，爽口干净，余味较长、低而不淡。

洮南香·黄金岁月

香　　型：浓香型
酒 精 度：52%vol
净 含 量：500ml
原　　料：水、高粱
生产厂家：吉林洮南市洮南香酒业有限公司
年份指数：★★　**原浆指数**：★★★　**甜爽度**：★★★★

G·R
官荣评分
77.00 分

G·R酒评

窖香欠纯正，有明显异香，不太自然；入口甘冽，滋味欠丰富，饮后有余味，较爽净，风格一般。

老龙口·红花双龙

G·R
官荣评分
78.00 分

香　　型：浓香型

酒 精 度：43%vol

净 含 量：500ml

原　　料：水、高粱、小麦、大麦、豌豆

生产厂家：辽宁沈阳天江老龙口酿造有限公司

年份指数：★★★★　**原浆指数**：★★★☆　**甜爽度**：★★★

G·R 酒评

有较浓的香味，但香气欠纯正，其中糟香突出，略有陈香；入口醇和，柔顺，滋味比较丰富，略有异味，后味欠干净，爽口度一般，整体风格一般。

四特酒·四星

香　　型：特香型

酒 精 度：45%vol

净 含 量：460ml

原　　料：水、高粱、小麦、大米、糯米、玉米

生产厂家：江西四特酒有限责任公司

年份指数：★★★★　**原浆指数**：★★★★　**甜爽度**：★★★☆

G.R 酒评

香气浓郁、自然纯正，粮食香气舒适，有陈香；饮之绵甜爽冽，酒体醇厚，香味协调，饮后余味悠长，略有涩味，风格典型。

全兴大曲·中华老字号

香　　型：浓香型
酒 精 度：52%vol
净 含 量：500ml
原　　料：水、高粱、小麦、大米、糯米、玉米
生产厂家：四川全兴酒业有限公司
年份指数：★★★★　**原浆指数**：★★★☆　**甜爽度**：★★★

G·R
官荣评分
81.00分

G·R酒评

窖香浓郁、自然纯正，陈香舒适，带有芝麻香气；入口爽净，较为柔顺，喷香好，滋味丰富，饮后余味长，较净爽，略有苦味，风格正。

李氏宗亲·盛典

香　　型：浓香型
酒 精 度：48%vol
净 含 量：500ml
原　　料：水、高粱、小麦
生产厂家：陕西天马酒业有限公司
年份指数：★★★★　**原浆指数**：★★★★　**甜爽度**：★★★

G·R
官荣评分
80.00分

G·R酒评

香浓舒适，陈香较好、自然，绵甜爽净，滋味丰富、协调，有余味，风格正。

鹤庆乾酒 · 52 度陈酿

G · R
官荣评分
78.00 分

香　　型：清香型
酒 精 度：52%vol
净 含 量：500ml
原　　料：大麦、西龙潭水、乾酒曲
生产厂家：云南鹤庆乾酒有限公司鹤庆酒厂
年份指数：★★　**原浆指数：**★★★　**甜爽度：**★★★☆

G · R 酒评

清香纯正，带有陈香；入口柔和，味较长，爽净尚可，清香风格明显。

江口醇 · 诸葛酿

G · R
官荣评分
76.50 分

香　　型：浓香型
酒 精 度：52%vol
净 含 量：500ml
原　　料：水、高粱、糯米、小麦
生产厂家：四川江口醇（集团）酒业有限公司
年份指数：★★　**原浆指数：**★★☆　**甜爽度：**★★☆

G · R 酒评

有窖香，带有糟香；入口醇和，甜味好，味较长，后味略苦，具有浓香风格。

琅琊台 · 小青白

香　　型： 浓香型

酒 精 度： 46%vol

净 含 量： 245ml

原　　料： 水、高粱、糯米、小麦、大米、玉米

生产厂家： 山东青岛琅琊台集团股份有限公司

年份指数： ★　**原浆指数：** ★☆　**甜爽度：** ★★

G · R 官荣评分 72.00 分

G · R 酒评

酒香突出，有糟香；入口醇甜，欠饱满略涩口，具有浓香风格。

市面100~150元的白酒G·R评分

序　号	品　名	酒精度	香　型	G·R评分	500ml价格
1	老郎酒·1898	52%vol	酱香型	85分	148元
2	酒鬼酒·天工开物	52%vol	馥郁香型	85分	138元
3	金剑南·K6	52%vol	浓香型	85分	129元
4	丰谷·特曲精品	52%vol	浓香型	88分	128元
5	黄鹤楼·生态原浆12	42%vol	兼香型	80分	148元
6	一品景芝·蓝淡雅	52%vol	芝麻香	84.5分	129元
7	牛栏山·三十年窖藏	53%vol	清香型	83分	145元
8	刘伶醉·老瓷瓶	52%vol	浓香型	78分	138元
9	白云边·五星陈酿	53%vol	兼香型	83分	149元
10	双沟珍宝发坊·君坊	41.8%vol	浓香型	79分	108元
11	洋河·海之蓝	42%vol	浓香型	83分	138元
12	古井贡酒·年份原浆5	50%vol	浓香型	83分	148元
13	红国台	53%vol	酱香型	81.5分	148元
14	衡水老白干·大青花	40%vol	老白干香型	80分	108元
15	口子窖·五年	46%vol	兼香型	81.5分	121元

序 号	品 名	酒精度	香 型	G · R评分	500ml价格
16	双沟 · 苏酒	42%vol	浓香型	79.5分	119元
17	山庄老酒 · 经典1703	38%vol	浓香型	78分	118元
18	世纪金徽 · 四星	42%vol	浓香型	82分	120元
19	洮儿河 · T6	42%vol	浓香型	79.5分	119元
20	西凤酒 · 凤香经典	52%vol	凤香型	83分	129元
21	伊力老窖	52%vol	浓香型	80分	139元
22	新郎酒9	52%vol	兼香型	85分	129元
23	德山 · 15年	52%vol	浓香型	79分	118元

老郎酒 · 1898

香　　型：酱香型

酒 精 度：53%vol

净 含 量：500ml

原　　料：水、高粱、小麦

生产厂家：四川古蔺郎酒厂有限公司

年份指数：★★★★ **原浆指数：**★★★★ **甜爽度：**★★★★

G · R酒评

酒液微黄透明，酱香突出，陈香好，入口带甜，酒体醇厚饱满、幽雅细腻，余味较长，空杯留香较持久，酱香风格明显。

酒鬼酒·天工开物

香　　型：馥郁香型

酒 精 度：52%vol

净 含 量：1000ml

原　　料：泉水、高粱、糯米、小麦、玉米、大米

生产厂家：湖南酒鬼酒股份有限公司

年份指数：★★★★　**原浆指数**：★★★☆　**甜爽度**：★★★☆

G·R酒评

香浓较纯正，前浓中清后酱特点突出，略带有异香；口味醇和、较饱满，味较长，风格具备。

金剑南·K6

G·R
官荣评分
85.00分

香　　型：浓香型

酒 精 度：52%vol

净 含 量：500ml

原　　料：水、高粱、玉米、大米、小麦、糯米

生产厂家：四川绵竹剑南春酒厂有限公司

年份指数：★★☆　**原浆指数**：★★★　**甜爽度**：★★☆

G·R酒评

香浓，有窖香，带有陈香、糟香，入口醇甜，味较饱满，回味带糟味，后味刺激性稍大，味较长，浓香风格典型。

丰谷·特曲精品

香　　型：浓香型

酒 精 度：52%vol

净 含 量：500ml

原　　料：水、高粱、玉米、大米、小麦、糯米

生产厂家：四川绵阳市丰谷酒业有限责任公司

年份指数：★★☆　**原浆指数**：★★★★☆　**甜爽度**：★★★☆

窖香浓，粮香突出，有陈香；入口绵甜，较饱满，味较长，尾味刺激性大，酒体干净，风格典型。

黄鹤楼·生态原浆 12

G·R
官荣评分
80.00 分

香　　型：兼香型

酒 精 度：42%vol

净 含 量：500ml

原　　料：水、高粱、玉米、大米、小麦、糯米

生产厂家：湖北武汉天龙黄鹤楼酒业有限公司

年份指数：★★　**原浆指数**：★★★　**甜爽度**：★★★

G·R酒评

粮香突出，有窖香，入口醇甜、柔和，酒体较饱满，回甜一般，略刺激，酒体干净，风格具备。

一品景芝·蓝淡雅

G·R
官荣评分
84.50分

香　　型： 芝麻香型

酒 精 度： 52%vol

净 含 量： 500ml

原　　料： 水、高粱、玉米、大米、小麦、糯米

生产厂家： 山东景芝酒业股份有限公司

年份指数： ★★　**原浆指数：** ★★　**甜爽度：** ★★☆

G·R酒评

芝麻香突出，入口带甜味、柔和、较饱满，味较长、干净，具有芝麻香风格。

牛栏山·三十年窖藏

香　　型： 清香型

酒 精 度： 53%vol

净 含 量： 500ml

原　　料： 水、高粱、大麦、小麦、豌豆

生产厂家： 北京顺鑫农业股份有限公司牛栏山酒厂

年份指数： ★★　**原浆指数：** ★★★☆　**甜爽度：** ★★★

G·R
官荣评分
83.00分

G·R酒评

清香纯正，入口醇甜，落口爽净，酒体较饱满，味长、干净，清香风格典型。

刘伶醉·老瓷瓶

香　　型： 浓香型
酒 精 度： 52%vol
净 含 量： 500ml
原　　料： 水、高粱、小麦、大麦
生产厂家： 河北刘伶醉酿酒股份有限公司
年份指数： ★★★★　**原浆指数：** ★★★　**甜爽度：** ★★★

G·R
官荣评分
78.00分

G·R酒评

香气浓厚较纯正，有一定的陈香，糟香突出；初入口味道柔顺，感觉酸度大，滋味一般，饮后尾味较干净，略有余味，爽口度一般，风格具备。

白云边·五星陈酿

香　　型： 兼香型
酒 精 度： 53%vol
净 含 量： 500ml
原　　料： 水、高粱、小麦
生产厂家： 湖北白云边酒业股份有限公司
年份指数： ★★★★　**原浆指数：** ★★★★　**甜爽度：** ★★★★

G·R
官荣评分
83.00分

G·R酒评

香气较浓，陈香好，自然纯正，粮食香气较好，略显闷；入口醇和绵甜，滋味丰富，尾净余长，爽口感较好，风格典型。

双沟珍宝发坊·君坊

香　　型：浓香型
酒 精 度：41.8%vol
净 含 量：480ml+20ml
原　　料：水、高粱、小麦、大米、糯米、玉米
生产厂家：江苏双沟酒业股份有限公司
年份指数：★★★★　**原浆指数**：★★★★　**甜爽度**：★★★

G·R
官荣评分
79.00 分

G·R酒评

香浓舒适，窖香突出，有陈香，粮食香气好；味醇和、淡雅，细品略有水味，饮后尾味干净，余味较长，风格正。

洋河·海之蓝

香　　型：浓香型
酒 精 度：42%vol
净 含 量：480ml
原　　料：水、高粱、小麦、大米、糯米、玉米、大麦、豌豆
生产厂家：江苏洋河酒厂股份有限公司
年份指数：★★★　**原浆指数**：★★★☆　**甜爽度**：★★★

G·R
官荣评分
83.00 分

G·R酒评

香浓舒适，有窖香，粮香较好；入口绵顺，但酸度大，滋味尚可，较净爽，有余味，整体风格正。

古井贡酒·年份原浆 5

香　　型： 浓香型
酒 精 度： 50%vol
净 含 量： 500ml
原　　料： 水、高粱、小麦、大米、糯米、玉米
生产厂家： 安徽古井贡酒股份有限公司
年份指数： ★★★　**原浆指数：** ★★★　**甜爽度：** ★★

香气较浓，欠纯正，明显有异香，糟香、泥香露头（过于突出）；入口柔顺，泥味、酸味重，余味长，欠净爽，风格具备。

红国台

G·R
官荣评分
81.50 分

香　　型： 酱香型
酒 精 度： 53%vol
净 含 量： 500ml
原　　料： 水、高粱、小麦
生产厂家： 贵州国台酒业有限公司
年份指数： ★★★　**原浆指数：** ★★★★　**甜爽度：** ★★★★

G·R酒评

酱香突出，陈香尚可，焦香略重；入口味醇厚，但酸味重，酒体较丰满，有空杯留香，整体风格正。

衡水老白干 · 大青花

香　　型： 老白干香型
酒 精 度： 40%vol
净 含 量： 500ml
原　　料： 水、高粱、小麦
生产厂家： 河北衡水老白干酒业股份有限公司
年份指数： ★★★　**原浆指数：** ★★★★　**甜爽度：** ★★★

G · R
官荣评分
80.00 分

G · R 酒评

香浓纯正自然，有陈香，整体香气柔和；味道柔和、淡雅，入口较甜，滋味欠丰富，且余味短，较净爽，风格一般。

口子窖 · 五年

香　　型： 兼香型
酒 精 度： 46%vol
净 含 量： 500ml
原　　料： 水、高粱、小麦、大米、
大麦、豌豆
生产厂家： 安徽口子酒业股份有限公司
年份指数： ★★★　**原浆指数：** ★★★★　**甜爽度：** ★★★★

G · R
官荣评分
81.50 分

G · R 酒评

香浓较纯正，自然感一般，略有陈香；入口柔顺，陈味好、淡雅，滋味丰富度尚可，饮后有余味，甜净感好，略涩，总体来说风格正。

双沟 · 苏酒

香　　型： 浓香型
酒 精 度： 42%vol
净 含 量： 500ml
原　　料： 水、高粱、小麦、大米、糯米、玉米
生产厂家： 江苏双沟酒业股份有限公司
年份指数： ★★★☆　**原浆指数：** ★★★★　**甜爽度：** ★★★

G · R 酒评

香浓较纯正，自然感一般，陈香柔和，味柔顺、较淡，酸度较大，余味短，爽净尚可，风格一般。

山庄老酒 · 经典 1703

G · R
官荣评分
78.00 分

香　　型： 浓香型
酒 精 度： 38%vol
净 含 量： 500ml
原　　料： 水、高粱、小麦
生产厂家： 河北承德避暑山庄企业集团酒业有限公司
年份指数： ★★★　**原浆指数：** ★★★　**甜爽度：** ★★★★

G · R 酒评

闻香浓郁比较纯正，陈香较好、平衡舒适，有一些粮食香气，自然感一般；入口绵柔，甜味一般，味道淡雅但酒体单薄，余味爽净，风格普通。

世纪金徽·四星

香　　型：浓香型

酒 精 度：42%vol

净 含 量：500ml

原　　料：水、高粱、小麦、大米、糯米、玉米

生产厂家：甘肃金徽酒业集团有限责任公司

年份指数：★★★★　**原浆指数**：★★★☆　**甜爽度**：★★★☆

G·R
官荣评分
82.00分

G·R酒评

窖香淡雅，陈香好、纯正，香气整体偏小；入口绵甜柔顺，醇厚度一般，滋味较丰富，较爽净，整体风格一般。

洮儿河·T6

香　　型：浓香型

酒 精 度：42%vol

净 含 量：500ml

原　　料：水、高粱、大麦、小麦

生产厂家：吉林洮儿河酒业有限公司

年份指数：★★★☆　**原浆指数**：★★★★　**甜爽度**：★★★☆

G·R
官荣评分
79.50分

G·R酒评

香浓比较纯正，糟香突出，有粮香，略有泥香及酒尾香气；入口柔和，馊香重，滋味欠丰富，有甜味，余味较长，欠净爽，风格一般。

西凤酒 · 凤香经典

香　　型：凤香型
酒 精 度：52%vol
净 含 量：500ml
原　　料：水、高粱、小麦、大麦、豌豆
生产厂家：陕西西凤酒股份有限公司
年份指数：★★★★　**原浆指数**：★★★★　**甜爽度**：★★★★

G · R
官荣评分
83.00 分

凤香纯正、欠浓郁，陈香较好、香气平衡自然，有糟香；入口柔和，酸度适中，有甜味，醇厚尚可，有陈味，回味长，较爽净，风格正。

伊力老窖

香　　型：浓香型
酒 精 度：52%vol
净 含 量：500ml
原　　料：水、高粱、小麦、大米、玉米、豌豆
生产厂家：新疆伊力特实业股份有限公司
年份指数：★★★★　**原浆指数**：★★★★　**甜爽度**：★★★★

G · R
官荣评分
80.00 分

G · R 酒评

香气较淡，纯正度不够，显闷，无明显异香；酒体较醇厚，滋味较丰富，饮后回味较长，甜味一般。

新郎酒 9

香　　型：兼香型
酒 精 度：52%vol
净 含 量：500ml
原　　料：水、高粱、小麦
生产厂家：四川古蔺郎酒厂有限公司
年份指数：★★★★　**原浆指数**：★★★★☆
甜 爽 度：★★★★

G·R
官荣评分
85.00 分

G·R 酒评

窖香浓郁，多种粮食香气幽雅，陈香舒适，闻香整体高雅、上档次；入口绵甜甘冽，酒体柔顺，滋味丰富，回甜，是一款风格典型的产品，美中不足的是略有霉味。

德山·15 年

香　　型：浓香型
酒 精 度：52%vol
净 含 量：500ml
原　　料：水、高粱、小麦、糯米
生产厂家：四川古蔺郎酒厂有限公司
年份指数：★★☆　**原浆指数**：★★★★　**甜爽度**：★★☆

G·R
官荣评分
79.00 分

G·R 酒评

酒液清澈透明，酒香较浓；入口欠柔和，酒体饱满度略差，回味较短，浓香风格具备。

市面150~200元的白酒G·R评分

序　号	品　名	酒精度	香　型	G·R评分	500ml价格
1	今世缘·淡雅国缘	42%vol	浓香型	88分	156元
2	国台·国礼酒	53%vol	酱香型	86分	190元
3	稻花香·珍品1号	42%vol	浓香型	84.5分	199元
4	董酒·何香	54%vol	药香型	85.5分	189元
5	百年枝江·楚韵	52%vol	浓香型	85.5分	168元
6	四特·弘韵	52%vol	特香型	86.5分	178元
7	五粮春	45%vol	浓香型	91.5分	188元
8	宋河粮液·秘藏5号	50%vol	浓香型	87.5分	166元
9	郎牌特曲·T6	50%vol	浓香型	87分	125元
10	西凤·六年陈酿	45%vol	凤香型	85分	159元
11	柔雅叙府8	53%vol	兼香型	88分	197元
12	世纪金徽·五星	52%vol	浓香型	86分	188元
13	小糊涂仙	52%vol	浓香型	85分	168元
14	迎驾贡酒·生态洞藏	42%vol	浓香型	91分	188元
15	今喜来·鸿运当头	52%vol	浓香型	89分	198元

序　号	品　名	酒精度	香　型	G·R评分	500ml价格
16	珍泉特酿·纯粮经典	51%vol	浓香型	90分	188元
17	金质习酒	53%vol	酱香型	89分	178元
18	珍酒·经典1985	53%vol	酱香型	85分	199元
19	白云边·15年陈酿酒	42%vol	兼香型	86分	168元
20	蒙古王	52%vol	浓香型	80分	188元
21	渔樵仙境界·地韵	52%vol	浓香型	87分	198元
22	宝莲·十五年陈酿	46%vol	浓香型	86分	168元
23	浏阳河·15年陈酿	52%vol	浓香型	87.5分	198元
24	珍酒·1975传奇珍品	53%vol	酱香型	85.5分	168元
25	奥淳·金牌	36%vol	浓香型	92分	178元

今世缘·淡雅国缘

香　　型： 浓香型
酒 精 度： 42%vol
净 含 量： 500ml
原　　料： 水、高粱、大米、小麦
生产厂家： 江苏双沟酒业股份有限公司
年份指数： ★★★★☆　**原浆指数：** ★★★★
甜 爽 度： ★★★★

G·R
官荣评分
88.00分

G·R酒评

粮香突出，陈香舒适，入口绵甜，有酱陈的感觉，酒体绵柔醇厚、饱满、干净，浓香风格典型。

国台·国礼酒

G·R
官荣评分
86.00分

香　　型： 酱香型
酒 精 度： 53%vol
净 含 量： 5l
原　　料： 水、高粱、小麦
生产厂家： 贵州国台酒业有限公司
年份指数： ★★★★　**原浆指数：** ★★★☆　**甜爽度：** ★★★☆

G·R酒评

酱香突出，有陈香，入口带苦，酒体醇厚较细腻，略涩口，较幽雅，余味悠长，空杯留香持久。

稻花香·珍品1号

香　　型： 浓香型
酒 精 度： 42%vol
净 含 量： 500ml
原　　料： 水、红高粱、糯米、小麦、玉米、大米
生产厂家： 湖北稻花香酒业股份有限公司
年份指数： ★★★★　**原浆指数：** ★★★　**甜爽度：** ★★★

G·R酒评

酒液无色透明，香大较浓郁，有粮香，陈香较好；入口醇和绵甜，香味协调，余味较长，酒体干净，风格正。

董酒·何香

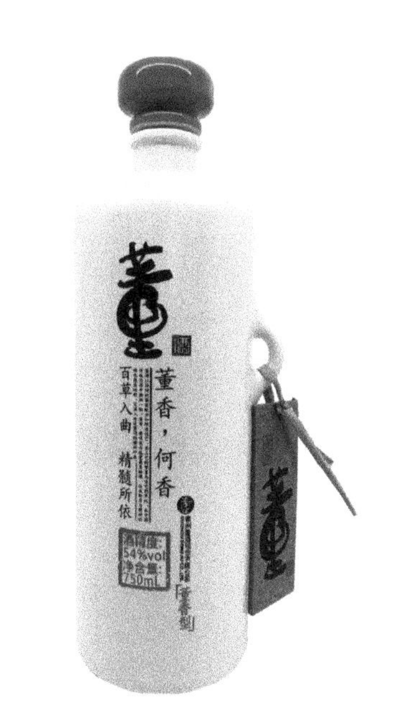

G·R
官荣评分
85.50 分

香　　型： 药香型

酒 精 度： 54%vol

净 含 量： 750ml

原　　料： 水、高粱、小麦、大米

生产厂家： 贵州董酒股份有限公司

年份指数： ★★★☆　**原浆指数：** ★★★☆　**甜爽度：** ★★★☆

G·R酒评

酒液微黄透明，药香突出，有陈香，入口酸度大，醇厚饱满，味长，略涩口，爽口、较净，风格典型。

百年枝江·楚韵

香　　型： 浓香型

酒 精 度： 52%vol

净 含 量： 500ml

原　　料： 水、高粱、玉米、大米、小麦、糯米

生产厂家： 湖北枝江酒业股份有限公司

年份指数： ★★☆　**原浆指数：** ★★　**甜爽度：** ★★☆

G·R酒评

窖香较浓，粮香好，伴有陈香，入口略带甜，刺激性稍大，味较长，爽净，浓香风格具备。

四特·弘韵

香　　型：特香型
酒 精 度：52%vol
净 含 量：500ml
原　　料：水、大米、小麦
生产厂家：江西四特酒有限责任公司
年份指数：★★☆　**原浆指数：**★★☆　**甜爽度：**★★

G·R
官荣评分
86.50分

G·R酒评

酒香好，带有陈香，有酸馊香气，酒体较饱满、较协调，回味带有酱味，味较长，甜味突出，但欠自然，具有本品风格。

五粮春

香　　型：浓香型
酒 精 度：45%vol
净 含 量：500ml
原　　料：水、高粱、玉米、大米、小麦、糯米
生产厂家：四川五粮液酒厂有限公司
年份指数：★★★☆　**原浆指数：**★★★★　**甜爽度：**★★★☆

G·R
官荣评分
91.50分

G·R酒评

五粮香气浓郁，陈香舒适，入口绵甜，酒体滋味丰富饱满，味浓长，尾净爽，个性鲜明，浓香风格典型。

宋河粮液·秘藏5号

香　　型：浓香型
酒 精 度：50%vol
净 含 量：480ml
原　　料：水、高粱、玉米、大米、小麦、糯米
生产厂家：河南宋河酒业股份有限公司
年份指数：★★☆　**原浆指数**：★★★　**甜爽度**：★★★

G·R酒评

香气浓郁，稍带有糟香，伴有粮香、陈香，入口醇甜，酒味较饱满，味较长，酒体干净，浓香风格典型。

郎牌特曲·T6

G·R
官荣评分
87.00分

香　　型：浓香型
酒 精 度：50%vol
净 含 量：500ml
原　　料：水、高粱、小麦
生产厂家：四川古蔺郎酒厂有限公司
年份指数：★★☆　**原浆指数**：★★★　**甜爽度**：★★☆

G·R酒评

窖香突出，入口醇甜，伴有粮香，酸度稍高，较饱满，味较长，酒体干净，浓香风格具备。

西凤·六年陈酿

香　　型：凤香型
酒 精 度：45%vol
净 含 量：500ml
原　　料：水、高粱、大麦、小麦、豌豆
生产厂家：陕西西凤酒股份有限公司
年份指数：★★☆　**原浆指数：**★★★　**甜爽度：**★★★

G·R
官荣评分
85.00分

G·R酒评

香浓，酯香感稍浓，入口醇和，诸味较协调，酒体干净，味较长，凤型酒风格较为典型。

柔雅叙府 8

香　　型：兼香型
酒 精 度：53%vol
净 含 量：450ml
原　　料：水、高粱、玉米、大米、小麦
生产厂家：四川宜宾市叙府酒业股份有限公司
年份指数：★★★　**原浆指数：**★★★☆　**甜爽度：**★★★

G·R酒评

浓香中带有酱香，香气舒适，入口醇甜，酒体饱满，落口爽净，回味略带焦煳味，本品风格明显。

世纪金徽·五星

G·R
官荣评分
86.00分

香　　型：浓香型
酒 精 度：52%vol
净 含 量：500ml
原　　料：水、高粱、小麦、大米、糯米、玉米
生产厂家：甘肃金徽酒业集团有限责任公司
年份指数：★★★★　**原浆指数**：★★★★　**甜爽度**：★★★★

G·R酒评

酒香浓郁、纯正，香气自然，有陈香及窖香，粮食香气偏弱；入口柔顺，陈味突出，滋味一般，余味较长，酒体显腻，欠爽净，风格一般。

小糊涂仙

G·R
官荣评分
85.00分

香　　型：浓香型
酒 精 度：52%vol
净 含 量：500ml
原　　料：水、高粱、小麦
生产厂家：贵州仁怀市茅台镇云峰酒业有限公司
年份指数：★★★★　**原浆指数**：★★★★
甜 爽 度：★★★★☆

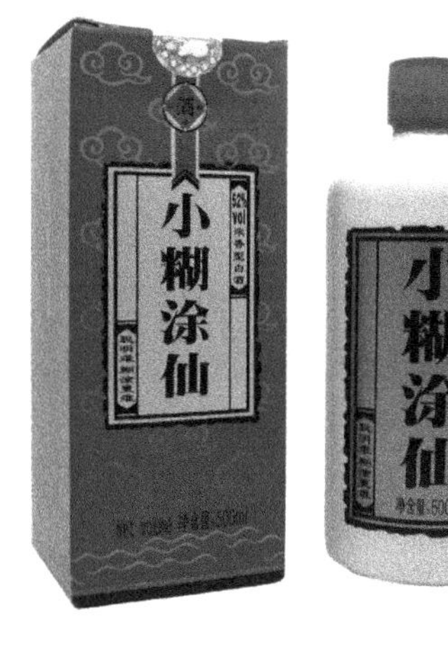

G·R酒评

香气平衡，偏弱，显闷，略有窖香和粮香，陈香尚可；入口绵甜甘洌，滋味丰富，回甜，余味较长，略有涩味和硫化氢味，总体上风格正。

迎驾贡酒·生态洞藏

香　　型： 浓香型

酒 精 度： 42%vol

净 含 量： 450ml

原　　料： 水、高粱、小麦、大米、糯米、玉米

生产厂家： 安徽迎驾贡酒股份有限公司

年份指数： ★★★★　**原浆指数：** ★★★★★

甜 爽 度： ★★★★☆

G·R
官荣评分
91.00分

G·R酒评

窖香舒适，平衡自然，多粮香气幽雅，陈香突出，从香气来说质量高；入口醇和味甜、淡雅柔顺，陈味舒适，饮后余味净爽，风格典型。

今喜来·鸿运当头

香　　型： 浓香型

酒 精 度： 52%vol

净 含 量： 500ml

原　　料： 水、高粱、小麦、大米、糯米、玉米

生产厂家： 四川宜宾金喜来酒业有限公司

年份指数： ★★★★☆　**原浆指数：** ★★★★★

甜 爽 度： ★★★★☆

G·R酒评

窖香浓郁，陈香幽雅，多粮香舒适，香气水平高；入口绵甜甘冽，滋味醇厚丰满，协调圆润，余味净爽，风格典型。

珍泉特酿·纯粮经典

香　　型：浓香型

酒 精 度：51%vol

净 含 量：500ml

原　　料：水、高粱、小麦、大米、糯米、玉米

生产厂家：四川成都金龙酒厂

年份指数：★★★★　**原浆指数：**★★★★★

甜 爽 度：★★★★

G·R
官荣评分
90.00分

G·R酒评

酒香浓郁、自然舒适，复合香好；入口甘冽，味道醇厚，滋味丰富，饮后余味长，较净爽，略有涩味，风格典型。

金质习酒

香　　型：酱香型

酒 精 度：53%vol

净 含 量：500ml

原　　料：水、高粱、小麦

生产厂家：贵州茅台酒厂（集团）习酒有限责任公司

年份指数：★★★★　**原浆指数：**★★★★★

甜 爽 度：★★★★

G·R
官荣评分
89.00分

G·R酒评

酱香突出，陈香好，整体香气较幽雅细腻、持久；饮之醇厚丰满，滋味丰富，酸甜适宜，回味长，但略有霉味，空杯留香好，风格正。

珍酒 · 经典 1985

香　　型：酱香型

酒 精 度：53%vol

净 含 量：500ml

原　　料：水、高粱、小麦

生产厂家：贵州珍酒酿酒有限公司

年份指数：★★★★　**原浆指数**：★★★★☆

甜 爽 度：★★★★

酒香较浓，酱香欠纯正，有焦香、曲香，但细腻度一般；入口醇和，酒体较醇厚，滋味一般，涩味明显，饮后回味较长，空杯留香质量一般，整体上风格一般。

白云边 · 15 年陈酿酒

G · R
官荣评分
86.00 分

香　　型：兼香型

酒 精 度：42%vol

净 含 量：500ml

原　　料：水、高粱、小麦

生产厂家：湖北白云边酒业股份有限公司

年份指数：★★★★☆　**原浆指数**：★★★★

甜 爽 度：★★★★

G · R 酒评

酒体浓香中有酱香，香气浓郁、自然柔和，陈香好、个性突出，略有焦香；入口酒体柔和，有陈味，滋味丰富，余味较长，净爽度尚可，风格正。

蒙古王

香　　型：浓香型

酒 精 度：52%vol

净 含 量：500ml

原　　料：水、高粱、小麦

生产厂家：内蒙古蒙古王实业股份有限公司

年份指数：★★★☆　**原浆指数：**★★★　**甜爽度：**★★★★

G·R
官荣评分
80.00 分

G·R 酒评

香气较浓、欠自然，有异香，香气短，不持久；入口爽冽，味甜，柔顺尚可，味道显单薄，饮后回味短，风格普通。

渔樵仙境界·地韵

香　　型：浓香型

酒 精 度：52%vol

净 含 量：500ml

原　　料：水、高粱、小麦、大米、玉米、糯米

生产厂家：四川渔樵仙（集团）有限公司

年份指数：★★☆　**原浆指数：**★★★　**甜爽度：**★★★★

G·R
官荣评分
87.00 分

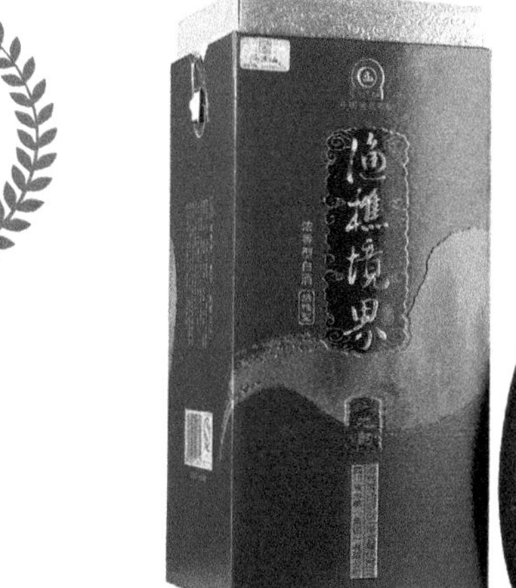

G·R 酒评

窖香、陈香较突出，伴有粮香；入口柔和较饱满，甜度适中，回味长，尾净，浓香风格典型。

宝莲·十五年陈酿

香　　型：浓香型

酒 精 度：46%vol

净 含 量：500ml

原　　料：水、高粱、小麦、大米、糯米、玉米

生产厂家：四川宝莲酒业有限公司

年份指数：★★☆　**原浆指数**：★★★　**甜爽度**：★★★☆

纯正的底窖香气舒适，口感绵柔，落口甘甜，诸味协调干净，浓香风格典型。

浏阳河·15年陈酿

G·R
官荣评分
87.50分

香　　型：浓香型

酒 精 度：52%vol

净 含 量：500ml

原　　料：水、高粱、小麦、大米、糯米、玉米

生产厂家：湖南浏阳河酒厂

年份指数：★★☆　**原浆指数**：★★★　**甜爽度**：★★★☆

G·R酒评

酒液无色透明，窖香浓郁，粮香舒适；甘冽爽口，滋味较丰富，尾净余长，浓香白酒风格典型。

珍酒·1975传奇珍品

香　　型：酱香型
酒 精 度：53%vol
净 含 量：500ml
原　　料：水、高粱、小麦
生产厂家：贵州珍酒酿酒有限公司
年份指数：★★☆　**原浆指数**：★★★　**甜爽度**：★★☆

G·R
官荣评分
85.50分

G·R酒评

酒液微黄透明，酱香突出，陈香舒适；入口细腻感不错，醇厚饱满，回味悠长，空杯持久留香，酱香风格明显。

奥淳·金牌

香　　型：浓香型
酒 精 度：36%vol
净 含 量：500ml
原　　料：水、高粱、小麦、大米、糯米、玉米
生产厂家：内蒙古奥淳酒业有限责任公司
年份指数：★★★　**原浆指数**：★★★★　**甜爽度**：★★★☆

G·R酒评

酒液无色透明，窖香幽雅，粮香、陈香舒适；入口绵甜、圆润，滋味丰富，香味协调，余味净爽，多粮浓香风格典型。

市面200~300元的白酒G·R评分

序号	品名	酒精度	香型	G·R评分	500ml价格
1	津酒·帝王风范	50%vol	浓香型	87分	227元
2	新怀德·蓝柔	42%vol	浓香型	90分	298元
3	金喜来·宜宾酒	52%vol	浓香型	89.5分	265元
4	丛台酒10	41%vol	浓香型	83.5分	258元
5	口子窖·真藏实窖10	41%vol	兼香型	88.5分	279元
6	彩陶坊·人和	46%vol	陶香型	90分	290元
7	伊力特·国融伟业	50%vol	浓香型	88.5分	259元
8	古井贡·岁月经典10	55%vol	浓香型	88分	200元
9	酒祖杜康·9窖区升级版	50%vol	浓香型	87分	228元
10	五粮特曲	52%vol	浓香型	92分	228元
11	西凤酒·华山论剑20年	45%vol	凤香型	86分	298元
12	板城和顺·1975	38%vol	浓香型	87.5分	231元
13	衡水老白干·珍品12	52%vol	老白干香型	88分	209元
14	船山老窖·翰林窖藏十八	52%vol	浓香型	89分	288元
15	褚韵	52%vol	清香型	85.5分	268元

序　号	品　名	酒精度	香　型	G·R评分	500ml价格
16	邓家酒	52%vol	清香型	85分	267元
17	茅台王子酒·黑金	53%vol	酱香型	90分	218元
18	宝丰·国色清香15	54%vol	清香型	89.5分	279元
19	一品景芝·妙品2014限量版	46%vol	芝麻香	86分	299元
20	泸州老窖特曲	52%vol	浓香型	90分	219元

津酒·帝王风范

G·R
官荣评分
87.00分

香　　型：浓香型
酒 精 度：50%vol
净 含 量：700ml
原　　料：水、高粱、小麦、大麦、豌豆
生产厂家：天津津酒集团有限公司
年份指数：★★★　**原浆指数**：★★★　**甜爽度**：★★★☆

G·R酒评

窖香纯正，粮香突出，有陈香，入口绵甜，口味饱满较醇厚，回味稍微带有糟味，略带苦涩，具有浓香风格。

新怀德·蓝柔

G·R
官荣评分
90.00分

香　　型：浓香型
酒 精 度：42%vol
净 含 量：500ml
原　　料：水、高粱、大米、糯米、小麦、玉米
生产厂家：吉林新怀德酒业有限公司
年份指数：★★★　**原浆指数**：★★★　**甜爽度**：★★★☆

G·R酒评

窖香舒适，有陈香，入口绵甜柔顺，香味协调，回味较长，酒体干净，风格典型。

金喜来·宜宾酒

香　　型： 浓香型
酒 精 度： 52%vol
净 含 量： 500ml
原　　料： 水、高粱、大米、糯米、小麦、玉米
生产厂家： 四川宜宾金喜来酒业有限公司
年份指数： ★★★　**原浆指数：** ★★★☆　**甜爽度：** ★★★

G·R
官荣评分
89.50 分

粮香、窖香较好，带有酸馊香；入口绵甜，柔顺，酒体醇厚饱满，酒味较短，后味略涩口，风格正。

丛台酒 10

香　　型： 浓香型
酒 精 度： 41%vol
净 含 量： 500ml
原　　料： 水、高粱、小麦
生产厂家： 河北邯郸丛台酒业有限公司
年份指数： ★★★　**原浆指数：** ★★★　**甜爽度：** ★★★

G·R
官荣评分
83.50 分

G·R酒评

酸馊香气突出，主体香气欠正；酒体绵甜，味较单薄，后味短淡，具备浓香风格。

口子窖 · 真藏实窖 10

香　　型： 兼香型

酒 精 度： 41%vol

净 含 量： 500ml

原　　料： 水、高粱、大米、玉米、糯米、小麦、大麦、豌豆

生产厂家： 安徽口子酒业股份有限公司

年份指数： ★★★☆　**原浆指数：** ★★★☆　**甜爽度：** ★★★

G · R
官荣评分
88.50 分

G · R 酒评

浓香中带有酱香，浓酱协调，陈香好；入口较淡，滋味较丰富，酒体厚重，后味干净，风格突出。

彩陶坊 · 人和

香　　型： 陶香型

酒 精 度： 46%vol

净 含 量： 450ml + 50ml

原　　料： 水、高粱、大米、小麦、糯米、玉米、豌豆、小米、大麦、荞麦

生产厂家： 河南仰韶酒业有限公司

年份指数： ★★★　**原浆指数：** ★★★☆　**甜爽度：** ★★★☆

G · R
官荣评分
90.00 分

G · R 酒评

粮香舒适，有陈香；入口柔顺、甘甜，有滋味，后味干净爽口，味较长，风格突出。

伊力特·国融伟业

G·R
官荣评分
85.50 分

香　　型： 浓香型
酒 精 度： 50%vol
净 含 量： 500ml
原　　料： 水、高粱、小麦、大米、玉米、豌豆
生产厂家： 新疆伊力特实业股份有限公司
年份指数： ★★★　**原浆指数：** ★★★　**甜爽度：** ★★★☆

G·R酒评

粮香中带有酸馊香、糟香，入口醇甜，滋味较丰富，回味带有糟味，风格一般。

古井贡酒·岁月经典 10

G·R
官荣评分
88.00 分

香　　型： 浓香型
酒 精 度： 55%vol
净 含 量： 700ml
原　　料： 水、高粱、大米、糯米、小麦、玉米
生产厂家： 安徽古井贡酒股份有限公司
年份指数： ★★★★　**原浆指数：** ★★★　**甜爽度：** ★★★

G·R酒评

有粮香、窖香，但香气没有完全放开，有点儿显闷，带有酸馊香，入口刺激性稍大，涩口，协调性差，风格一般。

酒祖杜康·9窖区升级版

香　　型：浓香型

酒 精 度：50%vol

净 含 量：500ml

原　　料：杜康泉水、高粱、小麦

生产厂家：河南洛阳杜康控股有限公司

年份指数：★★★　**原浆指数：**★★★☆　**甜爽度：**★★★

G·R 酒评

窖香较纯正，有粮香；入口绵甜，柔顺，香味协调，甜度适中，略涩口，风格较典型。

五粮特曲

香　　型：浓香型

酒 精 度：52%vol

净 含 量：500ml

原　　料：水、高粱、大米、小麦、糯米、玉米

生产厂家：四川宜宾五粮液股份有限公司

年份指数：★★★☆　**原浆指数：**★★★☆　**甜爽度：**★★★

G·R
官荣评分
92.00 分

G·R 酒评

窖香纯正，粮香突出，陈香好；入口层次感强，滋味丰富，甘冽爽口，酒体干净，多粮风格典型。

西凤酒·华山论剑 20 年

香　　型：凤香型
酒 精 度：45%vol
净 含 量：500ml
原　　料：水、高粱、大麦、小麦、豌豆
生产厂家：陕西西凤酒股份有限公司
年份指数：★★★☆　**原浆指数**：★★★　**甜爽度**：★★★

G·R
官荣评分
86.00 分

G·R酒评

酒香较纯正，入口醇甜，诸味协调，尾净味较长，风格较典型。

板城和顺·1975

香　　型：浓香型
酒 精 度：38%vol
净 含 量：450ml
原　　料：水、高粱、小麦
生产厂家：河北承德乾隆醉酒业有限责任公司
年份指数：★★★★　**原浆指数**：★★★☆　**甜爽度**：★★★☆

G·R
官荣评分
87.50 分

G·R酒评

有窖香、粮香，陈香舒适，入口平缓，落口干净，滋味欠丰富，味较长，风格突出。

衡水老白干·珍品12

香　　型：老白干香型
酒 精 度：52%vol
净 含 量：500ml
原　　料：水、高粱、小麦
生产厂家：河北衡水老白干酒业股份有限公司
年份指数：★★★　**原浆指数**：★★★☆　**甜爽度**：★★★

G·R
官荣评分
88.00分

G·R酒评

香气纯正，挺拔感强，入口稍带甜感，后味略涩口，尾较净，回味较长，具备本品风格。

船山老窖·翰林窖藏十八

香　　型：浓香型
酒 精 度：52%vol
净 含 量：500ml
原　　料：水、高粱、大米、糯米、
小麦、玉米
生产厂家：四川泸州华明酒业集团有限公司
年份指数：★★　**原浆指数**：★★★★　**甜爽度**：★★☆

G·R酒评

窖香好，略有糟香；入口甘冽、醇厚较丰满，香味协调，落口较净爽，有回味，浓香风格典型。

褚韵

G·R
官荣评分
85.50 分

香　　型： 清香型

酒 精 度： 52%vol

净 含 量： 500ml

原　　料： 水、高粱

生产厂家： 云南褚酒庄园酒业有限公司

年份指数： ★★★　**原浆指数：** ★★★☆　**甜爽度：** ★★★

G · R 酒评

清香较纯正，有糟香，陈香舒适；醇甜柔顺、较饱满，味长，回味好，清香风格明显。

邓家酒

香　　型： 清香型

酒 精 度： 52%vol

净 含 量： 500ml

原　　料： 水、高粱、小麦、玉米、大米、糯米

生产厂家： 四川广安邓家酒业有限公司

年份指数： ★★★★　**原浆指数：** ★★★☆　**甜爽度：** ★★★★

G · R 酒评

小曲清香纯正，有陈香，粮香突出，入口浓厚饱满，回味绵甜感好，但后味刺激感稍强，酒体干净，小曲清香风格典型。

茅台王子酒·黑金

香　　型：酱香型
酒 精 度：53%vol
净 含 量：500ml
原　　料：水、高粱、小麦
生产厂家：贵州茅台酒股份有限公司
年份指数：★★★☆　**原浆指数**：★★★　**甜爽度**：★★★

G·R
官荣评分
90.00 分

G·R 酒评

酒液微黄透明，酱香突出、较幽雅，酒体较醇厚饱满，回味较长，空杯留香较持久，酱香风格明显。

宝丰·国色清香 15

香　　型：清香型
酒 精 度：54%vol
净 含 量：500ml
原　　料：水、高粱、大麦、小麦、豌豆
生产厂家：河南宝丰酒业有限公司出品
年份指数：★★★　**原浆指数**：★★★☆　**甜爽度**：★★★

G·R
官荣评分
89.50 分

G·R 酒评

清香纯正，有陈香；入口醇甜，酒体较饱满，味较长，较爽净，后味略涩口，清香型白酒风格突出。

一品景芝·妙品 2014 限量版

香　　型：芝麻香型

酒 精 度：46%vol

净 含 量：500ml

原　　料：水、高粱、小麦

生产厂家：山东景芝酒业股份有限公司

年份指数：★★　**原浆指数：**★★　**甜爽度：**★★

G·R酒评

香浓带有一定的浮香，有酸馊香，入口较刺激，酒体单一、较饱满，味较长，尾净，具有本品风格。

泸州老窖特曲

G·R
官荣评分
90.00 分

香　　型：浓香型

酒 精 度：52%vol

净 含 量：500ml

原　　料：水、高粱、小麦

生产厂家：四川泸州老窖股份有限公司

年份指数：★★　**原浆指数：**★★☆　**甜爽度：**★★☆

G·R酒评

窖香突出，自然舒适，入口醇甜，甘洌爽口，酒体饱满，回味净长，浓香风格较突出。

市面300~400元的白酒G·R评分

序 号	品 名	酒精度	香 型	G·R 评分	500ml 价格
1	四特东方韵·雅韵	52%vol	特香型	90.5 分	388 元
2	河套王	42%vol	浓香型	90 分	368 元
3	全兴大曲·青花瓷 15	52%vol	浓香型	89 分	300 元
4	白云边·20 年陈酿酒	45%vol	兼香型	88 分	398 元
5	李氏宗亲·盛世	52%vol	浓香型	90.5 分	360 元
6	十月酒	52%vol	浓香型	90 分	318 元
7	汾酒·青花 20	53%vol	清香型	93.5 分	318 元
8	海宴·集美	52%vol	浓香型	94 分	318 元
9	永福酱酒	53%vol	酱香型	96 分	330 元
10	丰谷酒王	48%vol	浓香型	95 分	358 元
11	剑南春·鉴藏	52%vol	浓香型	96.5 分	399 元
12	茅台·汉酱	51%vol	酱香型	91.5 分	338 元
13	西凤酒·大凤香	52%vol	凤香型	88 分	399 元
14	红花郎 10	53%vol	酱香型	94 分	338 元
15	百年枝江·天之韵	52%vol	浓香型	91.5 分	328 元

序　号	品　名	酒精度	香　型	G·R评分	500ml价格
16	洋河·天之蓝	52%vol	浓香型	90分	363元
17	竹海·和谐印象	46%vol	浓香型	90分	328元
18	文君·凤求凰	48%vol	浓香型	93.5分	358元

四特东方韵·雅韵

香　　型：特香型
酒 精 度：52%vol
净 含 量：500ml
原　　料：水、大米
生产厂家：江西四特酒有限责任公司
年份指数：★★★★　**原浆指数**：★★★★☆
甜 爽 度：★★★★☆

G·R
官荣评分
90.50分

G·R酒评

酒色清亮，酒香芬芳，陈香舒适，入口略有甜感、饱满，酒味纯正，诸味协调，风格典型。

河套王

香　　型：浓香型
酒 精 度：42%vol
净 含 量：500ml
原　　料：水、高粱、小麦、大米、糯米、玉米
生产厂家：内蒙古河套酒业集团股份有限公司
年份指数：★★★★　**原浆指数**：★★★★☆　**甜爽度**：★★★★

G·R
官荣评分
90.00分

G·R酒评

粮香浓郁，窖香幽雅，陈香好，入口柔和，进口层次感强，协调性好，尾净味长，风格典型。

全兴大曲·青花瓷15

香　　型：浓香型
酒 精 度：52%vol
净 含 量：500ml
原　　料：水、高粱、小麦、大米、糯米、玉米
生产厂家：四川全兴酒业有限公司
年份指数：★★★★☆　**原浆指数**：★★★☆
甜 爽 度：★★★☆

G·R酒评

窖香突出，有陈香，入口甘洌，酸味明显，回味带糟味，后味稍有涩感，尾较净长，风格一般。

白云边·20年陈酿酒

G·R
官荣评分
88.00分

香　　型：兼香型
酒 精 度：45%vol
净 含 量：500ml
原　　料：水、高粱、小麦
生产厂家：湖北白云边酒业股份有限公司
年份指数：★★★★　**原浆指数**：★★★★　**甜爽度**：★★★☆

G·R酒评

浓香酱香兼而有之，焦煳香稍重，陈香舒适，入口稍甜、饱满较细腻，味较涩口，余味长，风格典型。

李氏宗亲·盛世

香　　型： 浓香型

酒 精 度： 52%vol

净 含 量： 500ml

原　　料： 水、高粱、糯米、大米、小麦、玉米

生产厂家： 甘肃天马酒业有限公司

年份指数： ★★★☆　**原浆指数：** ★★★☆　**甜爽度：** ★★★☆

G·R酒评

窖香浓，粮香舒适，陈香好；入口甜度好，进口饱满，但略带刺激感，味长，酒体干净，风格正。

十月酒

香　　型： 浓香型

酒 精 度： 52%vol

净 含 量： 500ml

原　　料： 水、高粱、糯米、大米、小麦、玉米

生产厂家： 四川宜宾市翠屏区天乐酒厂

年份指数： ★★★☆　**原浆指数：** ★★★★　**甜爽度：** ★★★★

G·R酒评

五粮香气浓郁，陈香舒适，入口绵甜，略有涩口感，酒体较为饱满，味长尾净，风格正。

汾酒 · 青花 20

香　　型： 大曲清香型

酒 精 度： 53%vol

净 含 量： 500ml

原　　料： 水、高粱、大麦、豌豆

生产厂家： 山西杏花村汾酒厂股份有限公司

年份指数： ★★★★　**原浆指数：** ★★★★　**甜爽度：** ★★★

G · R
官荣评分
93.50 分

G · R 酒评

清香纯正，陈香好，入口甘冽爽口，口味醇厚，有层次感，尾净味长，风格典型。

海宴 · 集美

香　　型： 浓香型

酒 精 度： 52%vol

净 含 量： 500ml

原　　料： 水、高粱、大米、糯米、小麦、玉米

生产厂家： 广东海宴酒业有限公司

年份指数： ★★★★　**原浆指数：** ★★★★　**甜爽度：** ★★★☆

G · R 酒评

多粮香气突出，窖香好，陈香舒适，入口绵甜甘冽，滋味丰富，酒体圆润，香味协调，尾净味长，浓香风格典型。

永福酱酒

G · R
官荣评分
96.00 分

香　　型：酱香型

酒 精 度：53%vol

净 含 量：500ml

原　　料：水、高粱、小麦

生产厂家：四川宜宾五粮液股份有限公司

年份指数：★★★★☆　**原浆指数：**★★★★

甜 爽 度：★★★★☆

G · R 酒评

酒液微黄透明，酱香突出，陈香舒适，入口醇厚饱满，酸甜适中，幽雅细腻，回味悠长，空杯留香持久，具有本品独特风格。

丰谷酒王

G · R
官荣评分
95.00 分

香　　型：浓香型

酒 精 度：48%vol

净 含 量：500ml

原　　料：水、高粱、大米、糯米、小麦、玉米

生产厂家：四川绵阳丰谷酒业有限责任公司

年份指数：★★★★　**原浆指数：**★★★★☆

甜 爽 度：★★★★

G · R 酒评

粮香浓郁，窖香好，陈香突出，入口绵甜，酒体醇厚饱满，香味协调，味长，尾净爽口，浓香风格典型。

剑南春·鉴藏

香　　型：浓香型
酒 精 度：52%vol
净 含 量：500ml
原　　料：水、高粱、玉米、大米、小麦、糯米
生产厂家：四川绵竹剑南春酒厂有限公司
年份指数：★★★☆　**原浆指数**：★★★☆　**甜爽度**：★★★☆

G·R酒评

窖香浓郁，粮香突出，略有糟香，陈香好，绵甜甘洌，醇厚丰满，回味悠长，尾净爽口，个性鲜明，具有本品独特风格。

茅台·汉酱

G·R
官荣评分
91.50分

香　　型：酱香型
酒 精 度：51%vol
净 含 量：500ml
原　　料：水、高粱、小麦
生产厂家：贵州茅台酒股份有限公司
年份指数：★★★★　**原浆指数**：★★★★　**甜爽度**：★★★

G·R酒评

酱香明显，陈香好，酒体醇厚丰满、幽雅较细腻，回味长，空杯留香持久，酱香风格典型。

西凤酒 · 大凤香

香　　型：凤香型
酒 精 度：52%vol
净 含 量：500ml
原　　料：水、高粱、大麦、小麦、豌豆
生产厂家：陕西西凤酒股份有限公司
年份指数：★★★　**原浆指数：**★★★　**甜爽度：**★★☆

G · R
官荣评分
88.00 分

G · R酒评

香浓，已酸乙酯香气突出，入口刺激性较大，酒体较醇厚饱满，回味稍带煳味，味长，具有本品风格。

红花郎 10

香　　型：酱香型
酒 精 度：53%vol
净 含 量：500ml
原　　料：水、高粱、小麦
生产厂家：四川古蔺郎酒厂有限公司
年份指数：★★★★　**原浆指数：**★★★★　**甜爽度：**★★★☆

G · R
官荣评分
94.00 分

G · R酒评

酒液微黄透明，酱香突出，陈香好，酒体醇厚，回味长，有回甜感，空杯留香持久，酱香风格典型。

百年枝江·天之韵

香　　型：浓香型
酒 精 度：52%vol
净 含 量：500ml
原　　料：水、高粱、玉米、大米、小麦、糯米
生产厂家：湖北枝江酒业股份有限公司
年份指数：★★★　**原浆指数**：★★☆　**甜爽度**：★★★

G·R
官荣评分
91.50分

G·R酒评

粮香突出，有酸馊香，入口醇甜、较饱满，回味带有糟味，味长，较净，浓香风格较典型。

洋河·天之蓝

香　　型：浓香型
酒 精 度：52%vol
净 含 量：480ml
原　　料：水、高粱、玉米、大米、小麦、糯米、大麦、豌豆
生产厂家：江苏洋河酒厂股份有限公司
年份指数：★★★☆　**原浆指数**：★★★☆　**甜爽度**：★★★★

G·R
官荣评分
90.00分

G·R酒评

窖香浓，粮香突出，陈香好，入口绵甜、柔和，酒体较饱满，味较长，爽净，浓香风格典型。

竹海 · 和谐印象

香　　型：浓香型

酒 精 度：46%vol

净 含 量：500ml

原　　料：水、高粱、玉米、大米、小麦、糯米

生产厂家：四川宜宾竹海酒业有限公司

年份指数：★★☆　**原浆指数：**★★★　**甜爽度：**★★☆

G · R
官荣评分
90.00 分

G · R 酒评

窖香好，多粮香明显，有糟香；入口醇甜柔顺，味较丰富，酒体干净，回味较长，浓香风格突出。

文君 · 凤求凰

香　　型：浓香型

酒 精 度：48%vol

净 含 量：500ml

原　　料：水、高粱、玉米、大米、小麦、糯米

生产厂家：四川文君酒厂有限责任公司

年份指数：★★★　**原浆指数：**★★★☆　**甜爽度：**★★★

G · R
官荣评分
93.50 分

G · R 酒评

无色透明，窖香舒适，陈香明显；入口甘冽、醇厚，香味协调，尾净味长，浓香风格典型。

市面400元以上的白酒G·R评分

序　号	品　名	酒精度	香　型	G·R评分	500ml价格
1	洋河·梦之蓝M6	52%vol	浓香型	94分	678元
2	国密董酒	54%vol	药香型	93.5分	440元
3	习酒·窖藏1988	53%vol	酱香型	95.5分	538元
4	口子窖·真藏实窖20	41%vol	兼香型	90.5分	458元
5	海宴·浓魁壹号	52%vol	浓香型	96.5分	888元
6	剑南春·珍藏级	46%vol	浓香型	98分	429元
7	黄鹤楼·陈香	52%vol	浓香型	89分	668元
8	水井坊·井台	52%vol	浓香型	97分	459元
9	舍得·品味	52%vol	浓香型	97.5分	568元
10	红坛酒鬼酒	52%vol	馥郁香型	91.5分	458元
11	古井贡·年份原浆16	50%vol	浓香型	91.5分	429元
12	西凤·华山论剑30年	55%vol	凤香型	91.5分	499元
13	金潭玉液·88经典	52%vol	浓香型	93.5分	498元
14	飞天茅台	53%vol	酱香型	100分	1299元
15	五粮液	52%vol	浓香型	100分	967元

序　号	品　名	酒精度	香　型	G · R评分	500ml价格
16	国窖1573	52%vol	浓香型	98分	890元
17	青花郎酒	53%vol	酱香型	97分	1098元
18	汾酒 · 青花30年	53%vol	清香型	95分	599元
19	杜康 · 珍酒御品	52%vol	浓香型	88.5分	488元

洋河 · 梦之蓝M6

香　　型： 浓香型

酒 精 度： 52%vol

净 含 量： 500ml

原　　料： 水、高粱、大米、糯米、玉米、小麦、大麦、豌豆

生产厂家： 江苏洋河酒厂股份有限公司

年份指数： ★★★★☆　**原浆指数：** ★★★★☆

甜 爽 度： ★★★★☆

G · R酒评

香气纯正，陈香舒适，多粮香气好，较浓郁；入口醇和味甜，香味协调，层次感强，余味长，风格典型。

国密董酒

香　　型： 药香型
酒 精 度： 54%vol
净 含 量： 250ml
原　　料： 水、高粱、小麦、大米
生产厂家： 贵州董酒股份有限公司
年份指数： ★★★★　**原浆指数：** ★★★★　**甜爽度：** ★★★★

G · R
官荣评分
93.50 分

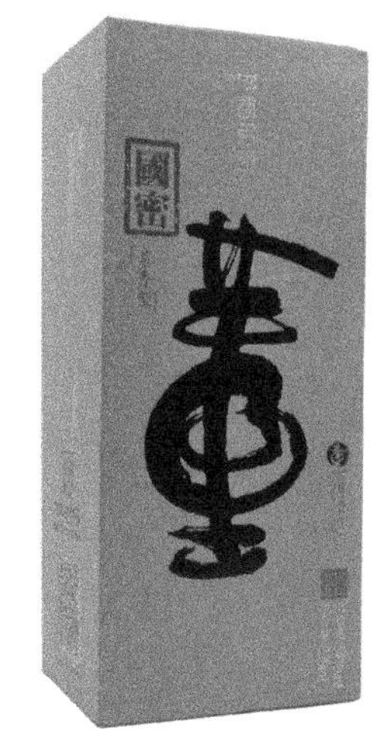

药香浓郁，馥郁香气好，个性鲜明，陈香较好，稍带有异香；味浓厚，酸度高，味长，受众群体有限，具有本品独特风格。

习酒 · 窖藏 1988

香　　型： 酱香型
酒 精 度： 53%vol
净 含 量： 500ml
原　　料： 水、高粱、小麦
生产厂家： 贵州茅台酒厂（集团）习酒有限责任公司
年份指数： ★★★★☆　**原浆指数：** ★★★★
甜 爽 度： ★★★★

G · R
官荣评分
95.50 分

G · R酒评

酒液微黄透明，酱香较突出，陈香好，有糟陈香气；入口醇厚，酒体丰满，味带甜，回味悠长，空杯留香持久，风格典型。

口子窖·真藏实窖 20

香　　型：兼香型

酒 精 度：41%vol

净 含 量：250ml

原　　料：水、高粱、大米、玉米、糯米、小麦、大麦、豌豆

生产厂家：安徽口子酒业股份有限公司

年份指数：★★★★☆　**原浆指数**：★★★★

甜 爽 度：★★★★☆

G·R 酒评

酱香浓郁协调，陈香舒适，复合香较好；入口绵甜，口感柔顺，香味协调，味较长，酒体干净，具有本品独特风格。

海宴·浓魁壹号

G·R
官荣评分
96.50 分

香　　型：浓香型

酒 精 度：52%vol

净 含 量：500ml

原　　料：水、高粱、大米、糯米、小麦、玉米

生产厂家：广东海宴酒业有限公司

年份指数：★★★★　**原浆指数**：★★★★

甜 爽 度：★★★★☆

G·R 酒评

窖香浓郁、幽雅，粮香突出，陈香明显，入口绵甜甘冽，味醇厚，香味协调，滋味丰富，酒体干净爽口，回味悠长，具有本品独特风格。

剑南春·珍藏级

G·R
官荣评分
98.00 分

香　　型： 浓香型

酒 精 度： 46%vol

净 含 量： 500ml

原　　料： 水、高粱、大米、糯米、小麦、玉米

生产厂家： 四川绵竹剑南春酒厂有限公司

年份指数： ★★★★☆　**原浆指数：** ★★★★☆

甜 爽 度： ★★★★☆

G·R酒评

粮香、窖香突出，陈香舒适，入口甘冽，酒体醇厚丰满，圆润协调，回味悠长，落口爽净，具有本品独特风格。

黄鹤楼·陈香

香　　型： 浓香型

酒 精 度： 52%vol

净 含 量： 500ml

原　　料： 水、高粱、大米、糯米、小麦、玉米

生产厂家： 湖北武汉天龙黄鹤楼酒业有限公司

年份指数： ★★★★☆　**原浆指数：** ★★★★

甜 爽 度： ★★★★

G·R酒评

窖香纯正，陈香舒适，复合香好，入口绵甜、醇厚，酒体丰满、协调，味长，余味爽净，具有本品独特风格。

水井坊·井台

香　　型： 浓香型
酒 精 度： 52%vol
净 含 量： 500ml
原　　料： 水、高粱、玉米、大米、小麦、糯米
生产厂家： 四川水井坊股份有限公司
年份指数： ★★★☆　**原浆指数：** ★★★★　**甜爽度：** ★★★☆

G·R酒评

粮香突出、窖香浓郁，陈香好，入口绵甜甘冽，酒体丰满厚重，余味爽净，具有本品独特风格。

舍得·品味

香　　型： 浓香型
酒 精 度： 52%vol
净 含 量： 500ml
原　　料： 水、高粱、玉米、大米、小麦、糯米
生产厂家： 四川沱牌舍得酒业股份有限公司
年份指数： ★★★★　**原浆指数：** ★★★★　**甜爽度：** ★★★☆

G·R
官荣评分
97.50 分

G·R酒评

粮香突出，窖香浓郁，陈香好，绵甜甘冽，酒体丰满厚重，回味悠长，余味爽净，具有本品独特风格。

红坛酒鬼酒

香　　型：馥郁香型
酒 精 度：52%vol
净 含 量：500ml
原　　料：泉水、高粱、玉米、大米、小麦、糯米
生产厂家：湖南酒鬼酒股份有限公司
年份指数：★★★☆　**原浆指数：**★★★★　**甜爽度：**★★★☆

G · R
官荣评分
91.50 分

G · R 酒评

酒液无色透明，馥郁香气浓郁，前浓中清后酱层次明显，醇厚饱满，滋味丰富，回味带酱味，酒体爽净，具有本品独特风格。

古井贡 · 年份原浆 16

香　　型：浓香型
酒 精 度：50%vol
净 含 量：500ml
原　　料：水、高粱、玉米、大米、小麦、糯米
生产厂家：安徽古井贡酒股份有限公司
年份指数：★★★　**原浆指数：**★★★☆　**甜爽度：**★★★

G · R 酒评

粮香浓郁，有陈香、窖香，入口醇甜、较醇厚，回味带有糟味，较爽净，浓香风格明显。

西凤·华山论剑 30 年

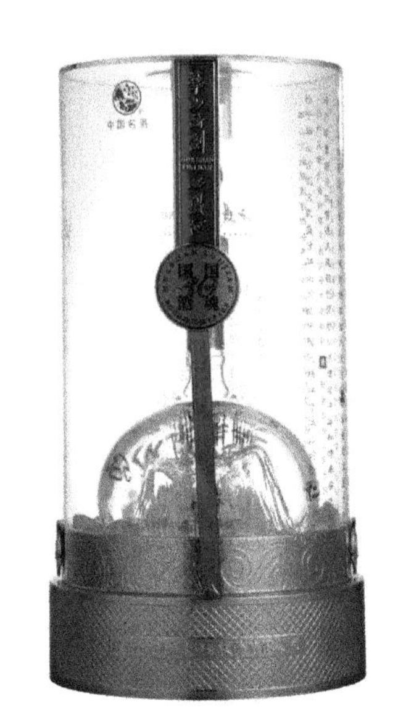

香　　型：凤香型
酒 精 度：55%vol
净 含 量：500ml
原　　料：水、高粱、大麦、小麦、豌豆
生产厂家：陕西西凤酒股份有限公司
年份指数：★★★☆　**原浆指数**：★★★☆　**甜爽度**：★★★★

G·R
官荣评分
91.50 分

G·R 酒评

酒香浓郁，有陈香，入口带甜，醇厚饱满，味长，柔顺度一般，酒体干净协调，风格典型。

金潭玉液·88 经典

香　　型：浓香型
酒 精 度：52%vol
净 含 量：500ml
原　　料：水、高粱、大麦、小麦、糯米、玉米
生产厂家：四川宜宾高洲酒业有限责任公司
年份指数：★★★★　**原浆指数**：★★★★　**甜爽度**：★★★☆

G·R
官荣评分
93.50 分

G·R 酒评

窖香突出，多粮香气浓郁，陈香舒适；醇甜甘爽、饱满厚重，尾净味长，浓香风格典型。

飞天茅台

香　　型：酱香型
酒 精 度：53%vol
净 含 量：500ml
原　　料：水、高粱、小麦
生产厂家：贵州茅台股份有限公司
年份指数：★★★★★　**原浆指数**：★★★★★
甜 爽 度：★★★★★

G·R
官荣评分
100.00分

G·R酒评

酒液微黄透明，酱香突出，陈香舒适；酒体幽雅细腻、醇厚丰满，滋味丰富，回味悠长，个性鲜明，空杯持久留香，具有本品独特风格。

五粮液

香　　型：浓香型
酒 精 度：52%vol
净 含 量：500ml
原　　料：水、高粱、大麦、小麦、糯米、玉米
生产厂家：四川宜宾五粮液股份有限公司
年份指数：★★★★★　**原浆指数**：★★★★★
甜 爽 度：★★★★★

G·R
官荣评分
100.00分

G·R酒评

酒液清澈透明，多粮香气独特，陈香优美；酒体醇厚，味甘洌爽净，香味协调，恰到好处，酒体全面，个性鲜明，饮后难忘，具有本品独特风格。

国窖 1573

香　　型：浓香型

酒 精 度：52%vol

净 含 量：500ml

原　　料：水、高粱、小麦

生产厂家：四川泸州老窖股份有限公司

年份指数：★★★★★　**原浆指数**：★★★★★

甜 爽 度：★★★★★

G·R
官荣评分
98.00 分

G·R 酒评

酒液清澈透明，窖香突出，醇香浓郁；入口醇甜，清冽甘爽，饮后尤香，“香浓、醇和、味甜、回味长”是其独特风格，可谓浓香正宗。

青花郎酒

香　　型：酱香型

酒 精 度：53%vol

净 含 量：500ml

原　　料：水、高粱、小麦

生产厂家：四川古蔺郎酒厂有限公司

年份指数：★★★★★　**原浆指数**：★★★★★

甜 爽 度：★★★★★

G·R
官荣评分
97.00 分

G·R 酒评

酒液微黄透明，酱香突出，陈香舒适；酒体幽雅细腻，醇厚丰满，圆润爽滑，回味悠长，尾净回甜，空杯留香持久，具有本品独特风格。

汾酒·青花30年

香　　型：清香型

酒 精 度：53%vol

净 含 量：500ml

原　　料：纯化水、高粱、大麦、豌豆

生产厂家：山西杏花村汾酒厂股份有限公司

年份指数：★★★★★　**原浆指数**：★★★★★

甜 爽 度：★★★★★

G·R
官荣评分
95.00分

G·R酒评

酒液无色透明，清香纯正，陈香舒适；醇甜柔和，自然协调，余味爽净，回味怡畅，个性鲜明，具有本品独特风格。

杜康·珍酒御品

香　　型：浓香型

酒 精 度：52%vol

净 含 量：500ml

原　　料：杜康泉水、高粱、小麦

生产厂家：河南洛阳杜康控股有限公司

年份指数：★★★★★　**原浆指数**：★★★★★

甜 爽 度：★★★★

G·R
官荣评分
88.50分

G·R酒评

酒液无色透明，窖香中带有酸馊香，入口甘洌爽口，味单一显单薄，香味较协调，回味糟味重，风格正。

市面部分畅销小酒G·R评分

序　号	品　名	酒精度	香　型	G·R评分	500ml价格
1	白云边·满口福	53%vol	兼香型	80分	95元
2	牛栏山·宝贝儿	45%vol	浓香型	75分	109元
3	革命小酒	53%vol	酱香型	68分	40元
4	谷养康·纯粮酒	52%vol	浓香型	74分	75元
5	小郎酒	45%vol	兼香型	82分	82元
6	泸州老窖二曲酒	52%vol	浓香型	70分	72元
7	茅台玉液	52%vol	浓香型	71分	88元
8	真情谊·小习酒	53%vol	酱香型	85分	90元
9	中国劲酒	35%vol	配制酒	80分	48元
10	江小白	40%vol	清香型	76分	75元
11	金潭小酒	45%vol	浓香型	80分	60元
12	石湾玉冰烧·岭南小酒	33%vol	豉香型	80分	43元
13	崇阳·国典药香	45%vol	药香型	89分	396元
14	东方红	46%vol	浓香型	98分	769元
15	景芝小葫芦酒	59%vol	芝麻香	73分	116元

白云边·满口福

G·R
官荣评分
80.00 分

香　　型： 兼香型

酒 精 度： 53%vol

净 含 量： 100ml

原　　料： 水、高粱、小麦

生产厂家： 湖北白云边酒业股份有限公司

年份指数： ★☆　**原浆指数：** ★★　**甜爽度：** ★★

G·R 酒评

酒香浓、纯正，入口醇甜、较饱满，酸味较重，味长，回味带酱味，后味涩口，具有本品风格。

牛栏山·宝贝儿

G·R
官荣评分
75.00 分

香　　型： 浓香型

酒 精 度： 45%vol

净 含 量： 100ml

原　　料： 水、高粱、玉米、大米、小麦、糯米

生产厂家： 北京顺鑫农业股份有限公司牛栏山酒厂

年份指数： ★　**原浆指数：** ★☆　**甜爽度：** ★☆

G·R 酒评

醇香正，有粮香，入口刺激性大，欠协调，味单一，稍带苦味，味较长、较净，具有浓香风格。

革命小酒

G·R
官荣评分
68.00分

香　　型：酱香型

酒 精 度：53%vol

净 含 量：125ml

原　　料：水、高粱、小麦

生产厂家：贵州仁怀市茅台镇怀桥酒厂

年份指数：★　**原浆指数**：☆　**甜爽度**：★

G·R酒评

酱香香气不突出，入口略有酱味，酒体欠醇厚细腻，味单薄、短，且涩口，本品风格欠正。

谷养康·纯粮酒

香　　型：浓香型

酒 精 度：52%vol

净 含 量：100ml

原　　料：水、高粱、玉米、大米、小麦、糯米

生产厂家：四川绵竹市剑西酒业有限责任公司

年份指数：★★☆　**原浆指数**：★★　**甜爽度**：★★

G·R酒评

有窖香、陈香，略有泥臭，入口有厚度，较刺激，酒体较干净，但味较短，浓香风格具备。

小郎酒

香　　型： 兼香型

酒 精 度： 45%vol

净 含 量： 100ml

原　　料： 水、高粱、玉米、小麦、糯米

生产厂家： 四川古蔺郎酒厂有限公司

年份指数： ★★☆　**原浆指数：** ★★★　**甜爽度：** ★★☆

G·R
官荣评分
82.00 分

G·R 酒评

香浓，有陈香，酸度适中，浓酱兼备，醇和饱满，酒体干净，味较长，后味略涩口，具有本品风格。

泸州老窖二曲酒

香　　型： 浓香型

酒 精 度： 52%vol

净 含 量： 125ml

原　　料： 水、高粱、玉米、大米、小麦、食用酒精

生产厂家： 四川泸州老窖股份有限公司

年份指数： ☆　**原浆指数：** ☆　**甜爽度：** ★

G·R 酒评

香浓刺激性大，浮香重，酸馊香重，入口刺激性大，味薄，涩口，味短，风格一般。

茅台玉液

香　　型：浓香型
酒 精 度：52%vol
净 含 量：100ml
原　　料：水、高粱、小麦
生产厂家：贵州茅台酒厂（集团）保健酒业有限公司
年份指数：★　**原浆指数**：★　**甜爽度**：★☆

G·R
官荣评分
71.00分

G·R酒评

香浓，浮香重，入口柔和，欠饱满，味较长但单调，涩口，欠干净，风格一般。

真情谊·小习酒

香　　型：酱香型
酒 精 度：53%vol
净 含 量：100ml
原　　料：水、高粱、小麦
生产厂家：贵州茅台酒厂（集团）习酒有限责任公司
年份指数：★★★　**原浆指数**：★★★★　**甜爽度**：★★★★

G·R
官荣评分
85.00分

G·R酒评

酱香纯正，有陈香，整体香气较突出，细腻度一般；入口醇和味甜，酒体丰满，焦味明显，回味长，空杯留香尚可，风格正。

中国劲酒

香　　型： 配制酒

G·R
官荣评分
80.00分

酒 精 度： 35%vol

净 含 量： 125ml

原　　料： 优质白酒、水、淮山药、仙茅、当归、肉苁蓉、枸杞子、黄芪、淫羊藿、肉桂、丁香、冰糖

生产厂家： 湖北劲牌酒业有限公司

年份指数： ★★★☆　**原浆指数：** ★★★☆　**甜爽度：** ★★★★

G·R酒评

酒液黄色透明，药香十足，香气浓郁，入口绵甜、舒适，酒体柔和，味长，甜感一直持续，味较长，爽净，具有本品独特风格。

江小白

香　　型： 小曲清香型

酒 精 度： 40%vol

净 含 量： 101ml

原　　料： 水、高粱

生产厂家： 重庆江记酒庄有限公司

年份指数： ★★　**原浆指数：** ★★　**甜爽度：** ★★☆

G·R酒评

香气放香大、刺鼻，略显单一，复合不够，入口略带甜，口味单一，酒体欠丰满，味较长，涩口，小曲清香风格具备，爽净度一般。

金潭小酒

香　　型： 浓香型

酒 精 度： 45%vol

净 含 量： 100ml

原　　料： 水、高粱、大米、糯米、小麦、玉米

生产厂家： 四川宜宾高洲酒业有限责任公司

年份指数： ★★★　**原浆指数：** ★★★　**甜爽度：** ★★★

G · R 酒评

粮香浓郁，陈香舒适，入口绵甜、醇厚饱满，味长，后味略带苦，酒体干净，浓香风格典型。

石湾玉冰烧 · 岭南小酒

香　　型： 豉香型

酒 精 度： 33%vol

净 含 量： 155ml

原　　料： 水、大米、糯米

生产厂家： 广东石湾酒厂集团有限公司

年份指数： ★★★☆　**原浆指数：** ★★★☆　**甜爽度：** ★★★★

G · R 酒评

豉香纯正，有陈香，入口醇甜，酒体柔和，油哈味浓，味较长，回甜感好，具有本品独特风格。

崇阳·国典药香

香　　型：药香型
酒 精 度：45%vol
净 含 量：125ml
原　　料：水、高粱、小麦
生产厂家：四川崇阳酒业有限责任公司
年份指数：★★★★　**原浆指数**：★★★★☆
甜 爽 度：★★★★☆

G·R
官荣评分
89.00分

G·R酒评

香浓，带有药香，陈香舒适，入口绵甜、柔和，酒体饱满，味长，余味较净，整体酸度大，具有本品独特风格。

东方红

香　　型：浓香型
酒 精 度：46%vol
净 含 量：100ml
原　　料：水、高粱、大米、糯米、
小麦、玉米
生产厂家：四川绵竹剑南春酒厂有限公司
年份指数：★★★★★　**原浆指数**：★★★★☆
甜 爽 度：★★★★★

G·R
官荣评分
98.00分

G·R酒评

窖香浓郁，陈香幽雅，酒体醇厚丰满，甘洌爽口，滋味丰富，层次感强，香味协调，味长，尾净，具有本品独特风格。

景芝小葫芦酒

香　　型：芝麻香型

酒 精 度：59%vol

净 含 量：125ml

原　　料：水、高粱、大米、小麦

生产厂家：山东景芝酒业股份有限公司

年份指数：★☆　**原浆指数：**★　**甜爽度：**☆

G · R酒评

香气刺激性大，有异香，带酸馊香，入口刺激性大，苦涩，味短，欠干净，风格不正。

策　　划：赖春梅
责任编辑：巨瑛梅

图书在版编目（CIP）数据

G·R白酒品鉴 / 杨官荣著. --北京 : 旅游教育出版社, 2018. 6(2020.6.重印)
ISBN 978-7-5637-3747-5

Ⅰ.①G… Ⅱ.①杨… Ⅲ.①白酒—品鉴—中国 Ⅳ.①TS262.3

中国版本图书馆CIP数据核字(2018)第115840号

G·R白酒品鉴
杨官荣　著

出版单位	旅游教育出版社
地　　址	北京市朝阳区定福庄南里1号
邮　　编	100024
发行电话	(010)65778403　65728372　65767462(传真)
本社网址	www.tepcb.com
E-mail	tepfx@163.com
印刷单位	北京虎彩文化传播有限公司
经销单位	新华书店
开　　本	889毫米×1194毫米　1/16
印　　张	15
字　　数	333千字
版　　次	2018年6月第1版
印　　次	2020年6月第4次印刷
定　　价	158.00元

（图书如有装订差错请与发行部联系）